钩针编织vs棒针编织

阿兰花样新编

日本E&G创意　编著

刘晓冉　译

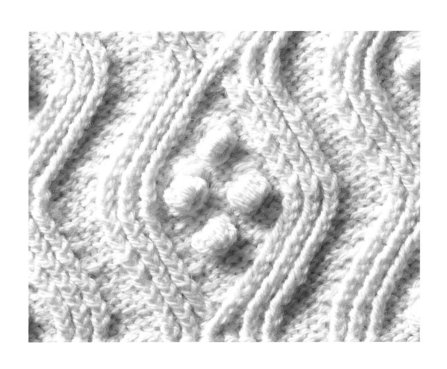

河南科学技术出版社

·郑州·

阿兰花样诞生于爱尔兰的阿兰群岛。
阿兰花样凹凸有致，多为祈愿渔夫出海后能平安归来和渔业丰收。
每一个花样都有不同的含义。

阿兰花样一般都是用棒针编织的。
但其实也可以用钩针编织。

在本书中，每个图案都由棒针编织和钩针编织完成。
不擅长使用棒针的钩针编织爱好者也能轻松玩转阿兰花样了。
本书图案丰富，内容详实，编织图清晰明了，不仅可以作为图案集
使用，还可以作为编织教科书使用。

目 录

两种织片的特点

在本书中，每个图案由棒针编织和钩针编织2种技法其中之一或组合编织而成。为什么要分别用棒针和钩针编织呢？因为即使是相同的花样，技法不同，织片的风格、厚度、伸缩性、完成尺寸都会不同。下面将分别介绍棒针编织和钩针编织的织片的特点，请根据希望制作的单品选择合适的技法。

〔棒针编织〕

织片的特点是柔软、伸缩性较大，适合制作毛衣、围巾、帽子等直接接触肌肤的单品。它能细腻地表现精致的花样，比钩针编织的织片更薄、更轻。

适合的单品

毛衣　　帽子
围巾　　毯子

〔钩针编织〕

织片的特点是较厚、伸缩性小、结实。以短针为基础的织片伸缩性特别小，适合制作包包等，且不会因承重而被拉伸。花样虽然大一些，但和棒针编织的织片相比，线条和枣形针的凹凸能表现得更加清晰。

适合的单品

包包　　　　　　外套
零钱包等小物　　垫子

※通过选择合适的线材和花样，也可以编织出既轻又软的单品

编织图的看法

在本书棒针编织和钩针编织的编织图中，起针的针数和编织的行数用数字进行标记。需要重复编织的花样，则在1个完整的花样上涂了颜色，清晰易懂。棒针编织的符号和编织方法请参照p.102~106。钩针编织的符号和编织方法请参照p.107~111。

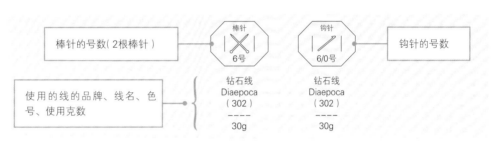

棒针的号数（2根棒针）────〔棒针 6号〕　〔钩针 6/0号〕──── 钩针的号数

使用的线的品牌、线名、色号、使用克数────
钻石线 Diaepoca（302）---- 30g　　钻石线 Diaepoca（302）---- 30g

〔棒针编织图讲解〕

表示编织图内省略的符号、难懂的符号

```
----- = 连续编织
□ = 〔—〕上针
♀ = 下针的扭针
```

= 1个花样5针4行
= 1个花样8针8行
= 1个花样10针8行

1个花样的针数、行数

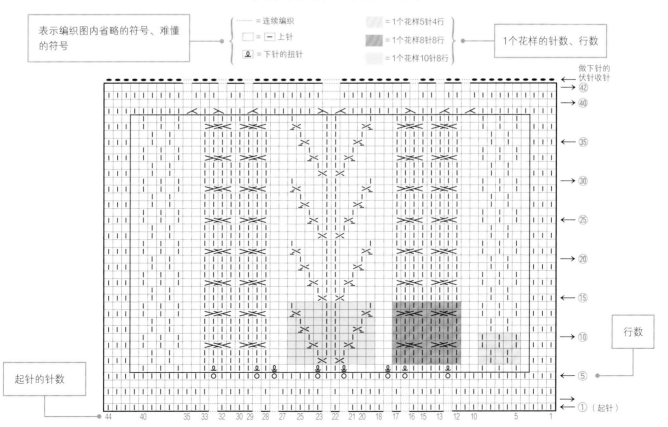

做下针的伏针收针

行数

起针的针数

※钩针编织图也是相同的看法

麻花花样

在阿兰花样中，运用得最多的就是这个麻花花样。表现的是渔夫使用的安全带，或捆扎农作物用的绳索。

| 15cm×20cm |

设计、制作…池上 舞

棒针

7号

钻石线
Diaepoca
（302）

24g

□ = — 上针　　　■ =1个花样20针8行

做下针的伏针收针

→ ⑥
→ ⑩
→ ⑪
→ ②
→ ③
→ ⑤
→ ①（起针）

52　50　　45　　40　　35　　30　　25　　20　　15　　10　　5　　1

钩针
6/0号

钻石线
Diaepoca
（302）

32g

| 14cm×20.5cm |

设计、制作… 池上 舞

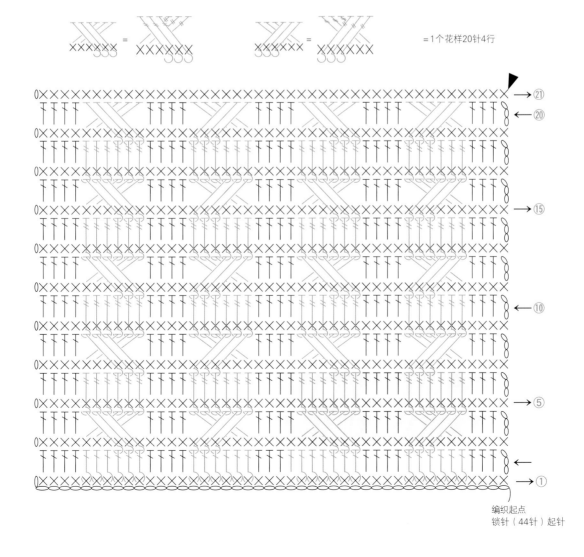

=1个花样20针4行

→ ㉑
← ⑳
→ ⑮
← ⑩
→ ⑤
→ ①

编织起点
锁针（44针）起针

| 14.5cm×20cm |

设计、制作… 池上 舞

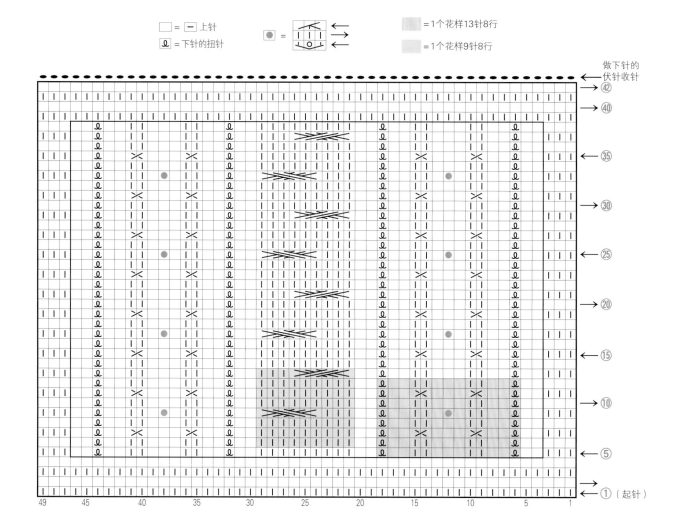

□ = |− 上针　　　● =　　　□ =1个花样13针8行

Ω = 下针的扭针　　　　　　　□ =1个花样9针8行

做下针的
伏针收针

49　45　40　35　30　25　20　15　10　5　1

钩针
6/0号

钻石线
Diaepoca
（365）

38g

| 15.5cm×20cm |

设计、制作…池上 舞

=1个花样13针8行

● = ◯

=1个花样9针8行

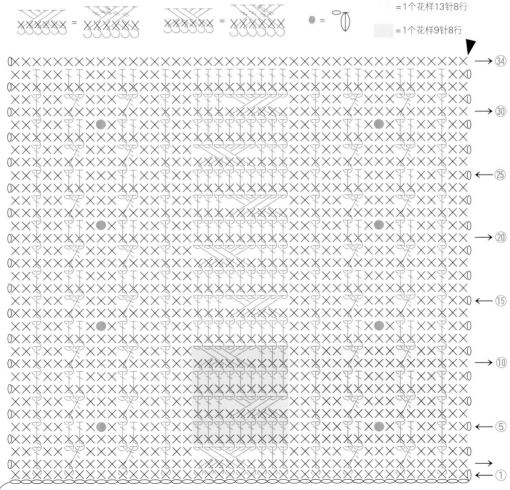

→ ㉞

→ ㉚

← ㉕

→ ⑳

← ⑮

→ ⑩

← ⑤

→ ①

编织起点
锁针（43针）起针

第1行需挑起锁针的里山进行编织

棒针
7号

钻石线
Diaepoca
（365）

————
21g

| 15cm × 19.5cm |

设计、制作··· 沟畑博美

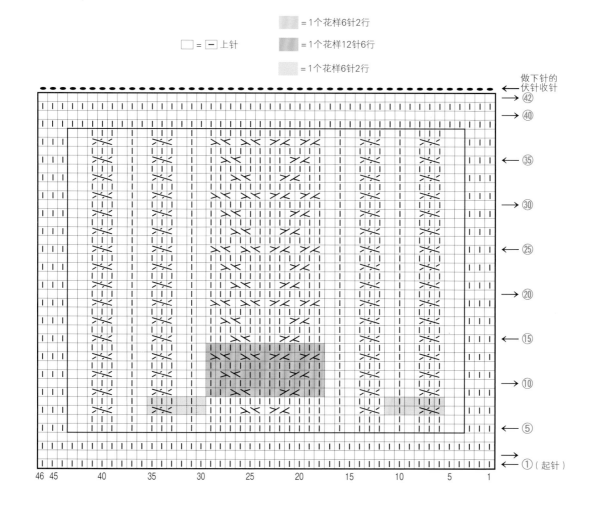

□ = － 上针

= 1个花样6针2行

= 1个花样12针6行

= 1个花样6针2行

做下针的
伏针收针

→ 42
→ 40
← 35
→ 30
← 25
→ 20
← 15
→ 10
← 5
→ ① （起针）

46 45   40   35   30   25   20   15   10   5   1

钩针
5/0号

钻石线
Diaepoca
（365）

37g

| 14cm×17cm |

设计、制作… 沟畑博美

= 1个花样6针2行

= 1个花样12针8行

= 1个花样6针2行

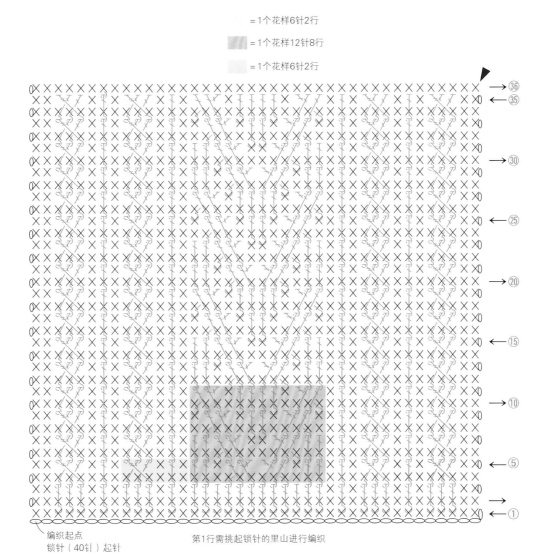

→ ㊱
← ㉟

→ ㉚

← ㉕

→ ⑳

← ⑮

→ ⑩

← ⑤

→ ①

编织起点
锁针（40针）起针

第1行需挑起锁针的里山进行编织

| 15cm × 19.5cm |

设计、制作··· 沟畑博美

□ = □ 上针　　　 ▨ =1个花样12针8行

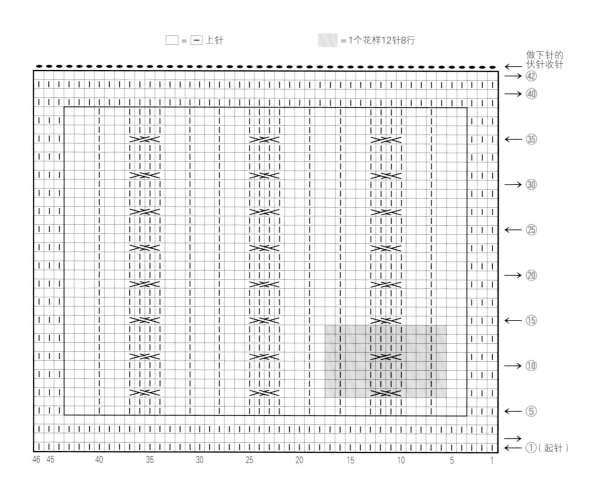

钩针
5/0号

钻石线
Diaepoca
（356）

33g

| 15cm × 18cm |

设计、制作… 沟畑博美

= 1个花样12针8行

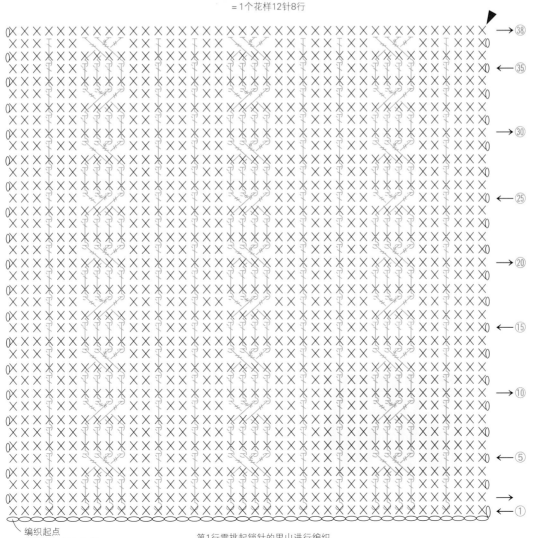

→ 38
← 35
→ 30
← 25
→ 20
← 15
→ 10
← 5
→
← 1

编织起点
锁针（40针）起针

第1行需挑起锁针的里山进行编织

7号

钻石线
Diaepoca
（378）

- - - -

23g

| 15.5cm × 18.5cm |

设计、制作… 河合真弓

········ = 连续编织

□ = − 上针

ℓ = 下针的扭针　　▨ = 1个花样11针10行

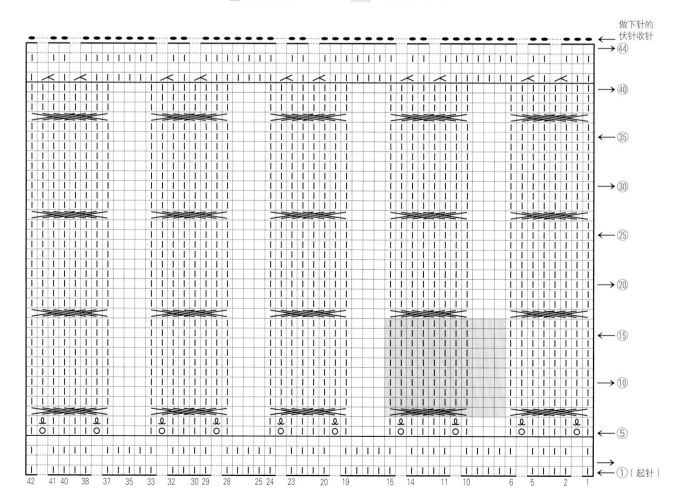

钩针
5/0号

钻石线
Diaepoca
(378)

41g

| 14cm × 22cm |

设计 … 河合真弓　制作 … 关谷 幸子

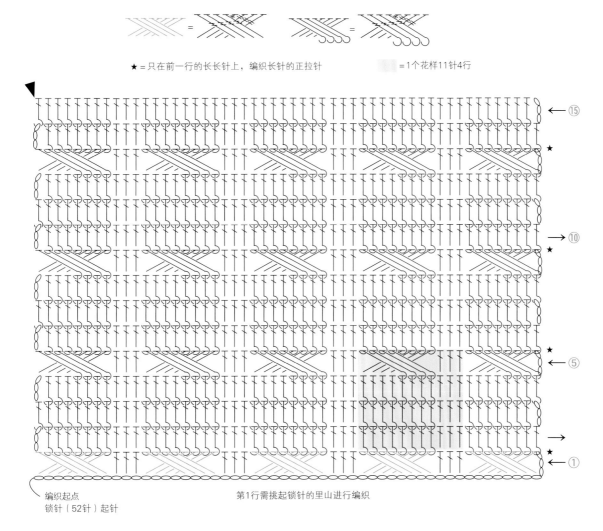

★ =只在前一行的长长针上，编织长针的正拉针　　　=1个花样11针4行

编织起点
锁针（52针）起针

第1行需挑起锁针的里山进行编织

棒针
7号

钻石线
Diaepoca
（302）
- - - -
24g

| 15cm × 19cm |

设计、制作…芹泽圭子

= 1个花样6针6行
= 1个花样4针4行
= 1个花样13针6行
= 1个花样6针6行

□ = 下针   ℓ = 下针的扭针
‥‥ = 连续编织   ℓ = 上针的扭针

做下针的伏针收针

← 50
← 45
← 40
← 35
← 30
← 25
← 20
← 15
← 10
← 5
① （起针）

43 40 39 35 34 30 29 28 27 25 20 17 16 15 11 10 6 5 4 3 1

钩针
6/0号

钻石线
Diaepoca
（302）

49g

| 18.5cm×25cm |

设计、制作…芹泽圭子

…… =连续编织   =1个花样41针4行

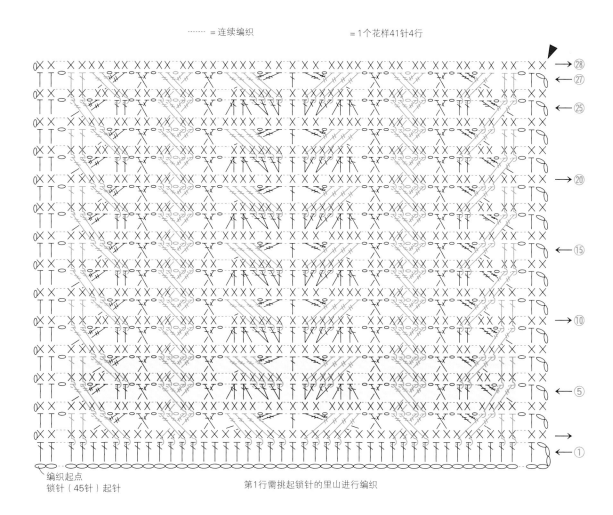

→ 28
← 27
← 25
→ 20
← 15
→ 10
← 5
→
① ←

编织起点
锁针（45针）起针   第1行需挑起锁针的里山进行编织

15

棒针
8号

钻石线
Diaepoca
（353）
————
22g

| 15cm × 20cm |

设计、制作… 冈 真理子

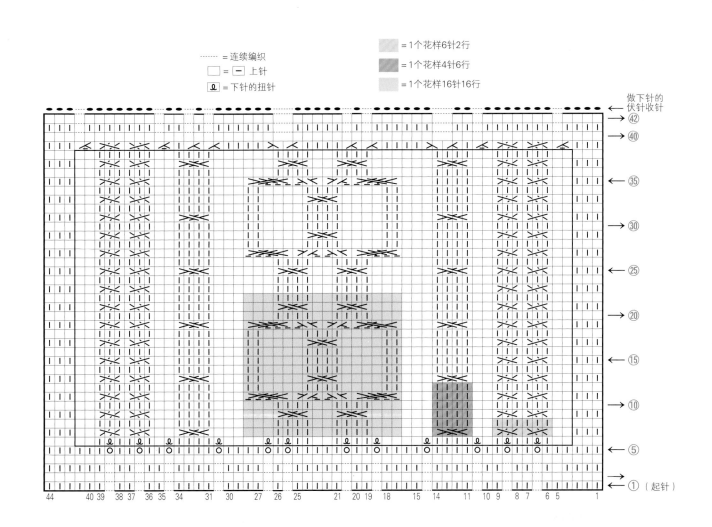

钩针
7/0号

钻石线
Diaepoca
（353）

45g

| 15.5cm×24cm |

设计、制作… 冈 真理子

= 1个花样6针2行

= 1个花样6针6行

= 1个花样16针16行

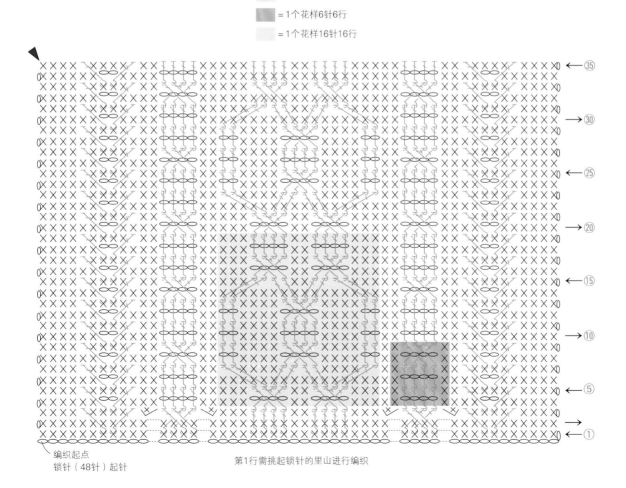

编织起点
锁针（48针）起针

第1行需挑起锁针的里山进行编织

棒针
7号

和麻纳卡
EXCEED
WOOL L（中粗）
（801）
————
28g

| 15.5cm×20cm |

设计、制作…远藤裕美

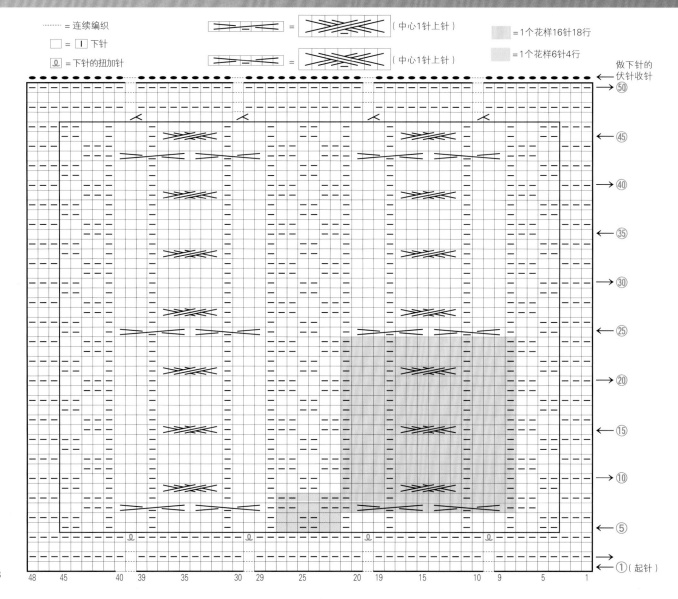

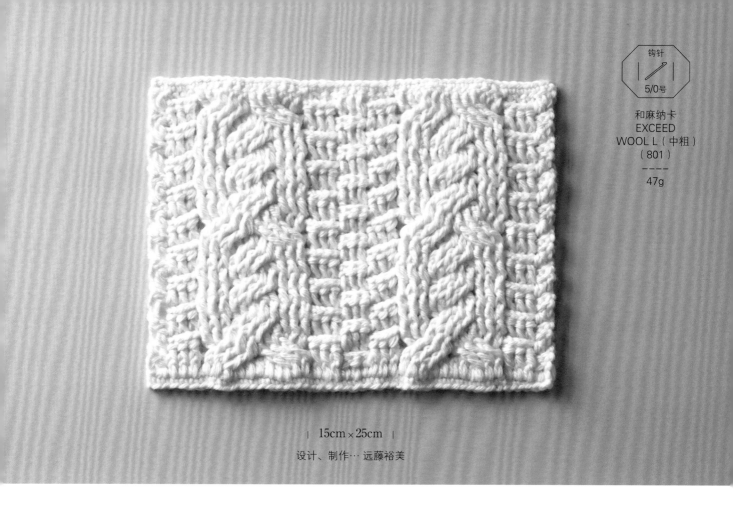

| 15cm × 25cm |

设计、制作… 远藤裕美

钩针

5/0号

和麻纳卡
EXCEED
WOOL L（中粗）
（801）
————
47g

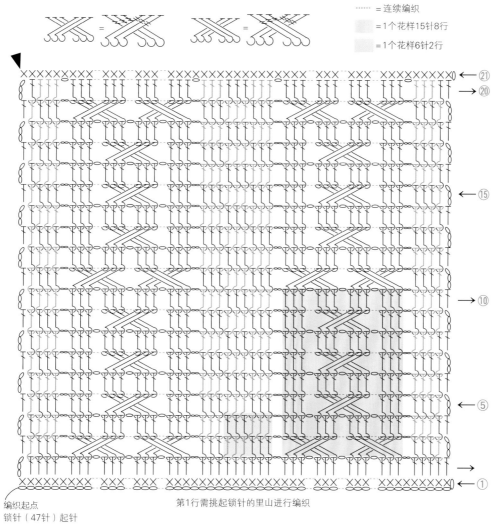

...... = 连续编织

= 1个花样15针8行

= 1个花样6针2行

编织起点
锁针（47针）起针

第1行需挑起锁针的里山进行编织

棒针
7号

钻石线
Diaepoca
（353）

21g

| 15.5cm×19cm |

设计、制作… 河合真弓

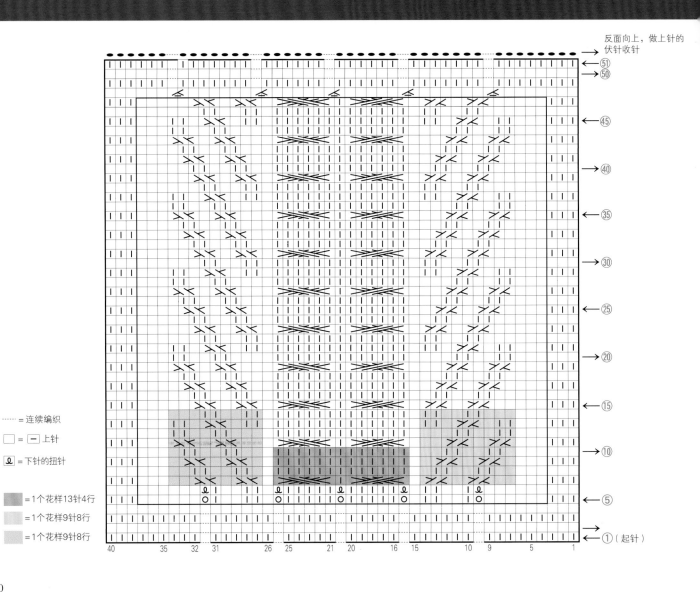

反面向上，做上针的
伏针收针

…… =连续编织

□ =〔─〕上针

ℓ =下针的扭针

=1个花样13针4行

=1个花样9针8行

=1个花样9针8行

| 19.5cm×20cm |

设计 … 河合真弓　制作 … 关谷 幸子

钩针
5/0号
钻石线
Diaepoca
（353）
41g

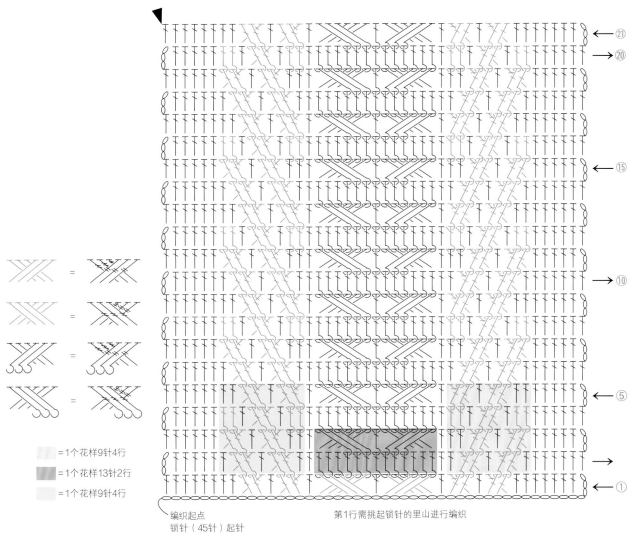

=1个花样9针4行

=1个花样13针2行

=1个花样9针4行

编织起点
锁针（45针）起针

第1行需挑起锁针的里山进行编织

←㉑
→⑳
←⑮
→⑩
←⑤
←①

棒针
7号

和麻纳卡
EXCEED
WOOL L（中粗）
（802）
————
30g

| 16cm×20cm |

设计、制作… 远藤裕美

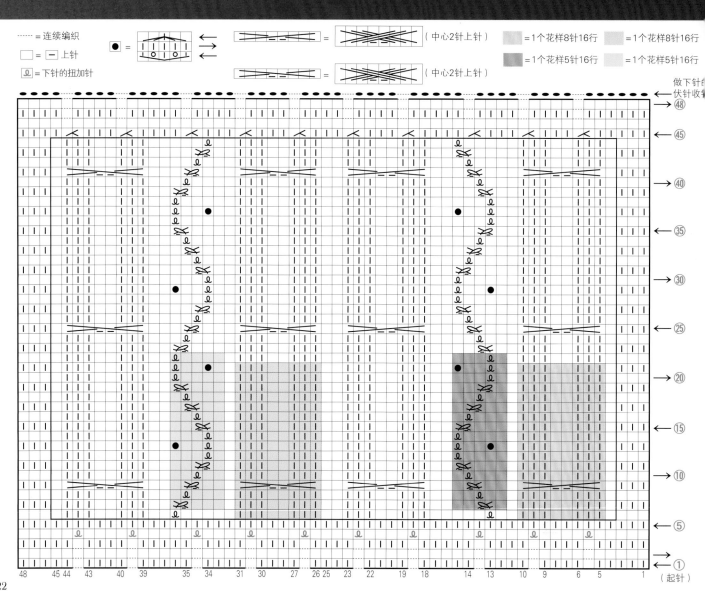

······ = 连续编织　　□ = ⊢ 上针　　● = 中心（图示）　　→←
□ = 上针　　⊻ = 下针的扭加针

✕✕✕ = ✕✕✕（中心2针上针）　　▨ =1个花样8针16行　　▨ =1个花样8针16行
✕✕✕ = ✕✕✕（中心2针上针）　　▨ =1个花样5针16行　　▨ =1个花样5针16行

做下针的
伏针收针

22

钩针
5/0号

和麻纳卡
EXCEED
WOOL L（中粗）
（802）

57g

| 17cm×23cm |

设计、制作… 远藤裕美

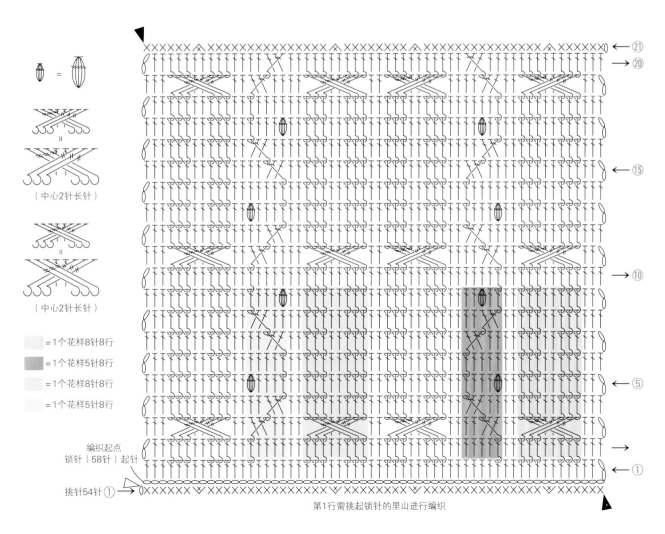

（中心2针长针）

（中心2针长针）

= 1个花样8针8行
= 1个花样5针8行
= 1个花样8针8行
= 1个花样5针8行

编织起点
锁针（58针）起针

挑针54针①

第1行需挑起锁针的里山进行编织

棒针
5号、6号

和麻纳卡
Amerry
（10）

21g

竹篮花样

重复编织交叉花样形成的竹篮花样，
表现的是渔夫使用的鱼篓，
包含着「渔业丰收」或「大获成功」
的意思。

| 14.5cm × 20cm |

设计、制作… 镰田惠美子

□ = I 下针

▨ =1个花样14针4行

▨ =1个花样24针8行

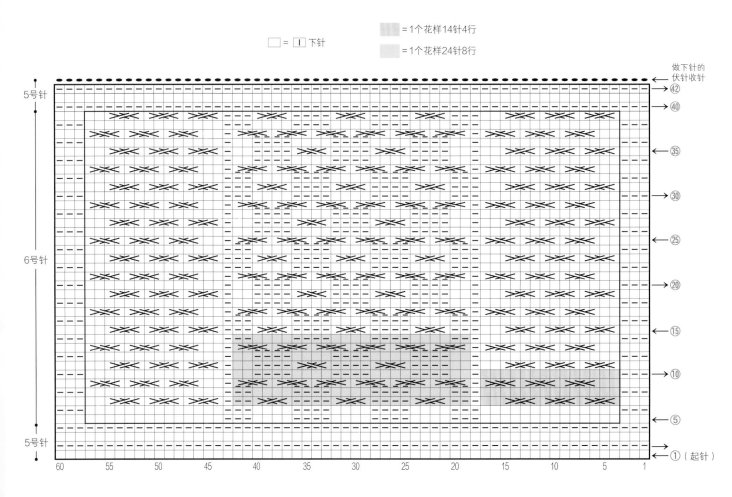

做下针的
伏针收针

5号针

6号针

5号针

钩针
5/0号

和麻纳卡
Amerry
（10）

36g

| 16.5cm × 22.5cm |

设计、制作··· 镰田惠美子

■ = 1个花样14针2行
■ = 1个花样24针4行

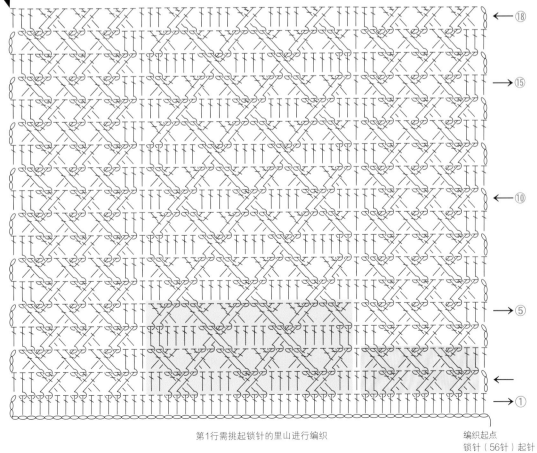

第1行需挑起锁针的里山进行编织

编织起点
锁针（56针）起针

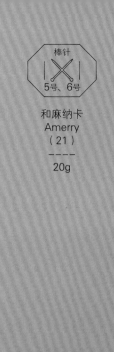

棒针

5号、6号

和麻纳卡
Amerry
（21）

————

20g

| 15.5cm × 21.5cm |

设计、制作⋯镰田惠美子

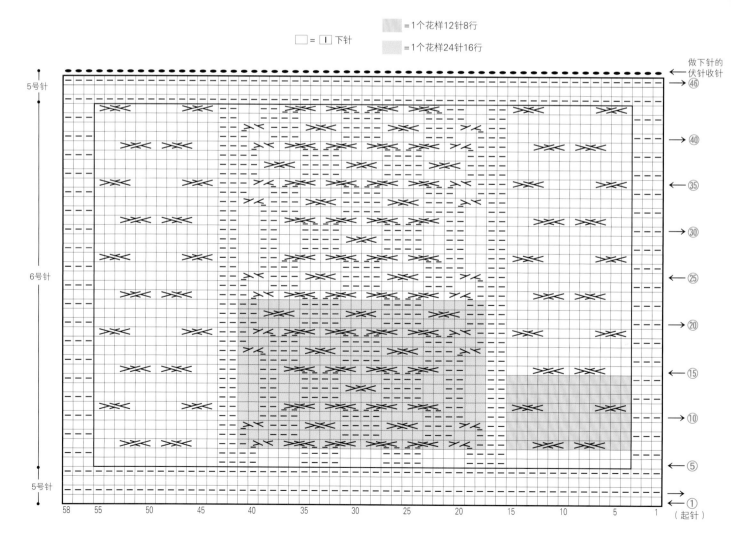

□ = I 下针

= 1个花样12针8行

= 1个花样24针16行

做下针的
伏针收针

5号针

6号针

5号针

钩针
4/0号

和麻纳卡
Amerry
（21）
————
40g

| 17cm × 24cm |

设计、制作… 镰田惠美子

= 1个花样12针4行

= 1个花样24针8行

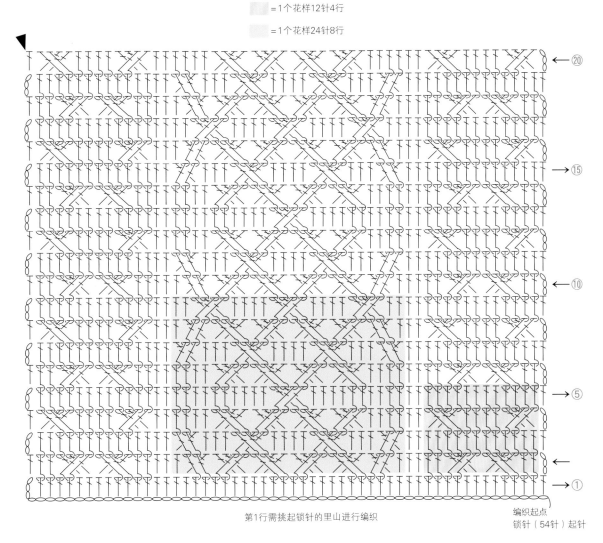

←⑳

→⑮

←⑩

→⑤

←

→①

第1行需挑起锁针的里山进行编织

编织起点
锁针（54针）起针

生命之树花样

生命之树表现的是茁壮生长的大树的树干和枝丫。这个花样表现了对长寿和孕育强健的孩子的期盼，也寓意子孙兴旺。

棒针
6号
和麻纳卡
Amerry
（20）

18g

| 15.5cm×20cm |

设计、制作… 长者加寿子

······ = 连续编织 ▨ =1个花样3针4行
□ = ⊟ 上针 ▨ =1个花样11针8行
⊉ = 下针的扭加针 ▨ =1个花样6针4行
⊉ = 下针的扭针

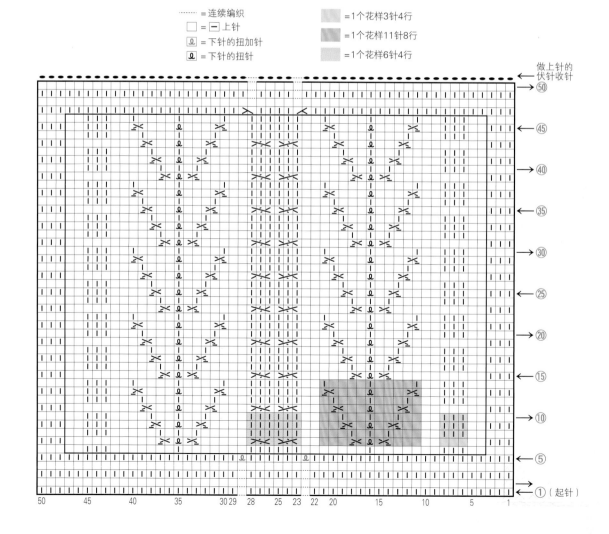

钩针
5/0号
和麻纳卡
Amerry
（20）

28g

| 14cm×20.5cm |

设计、制作… 长者加寿子

=1个花样3针4行

=1个花样11针8行

=1个花样6针4行

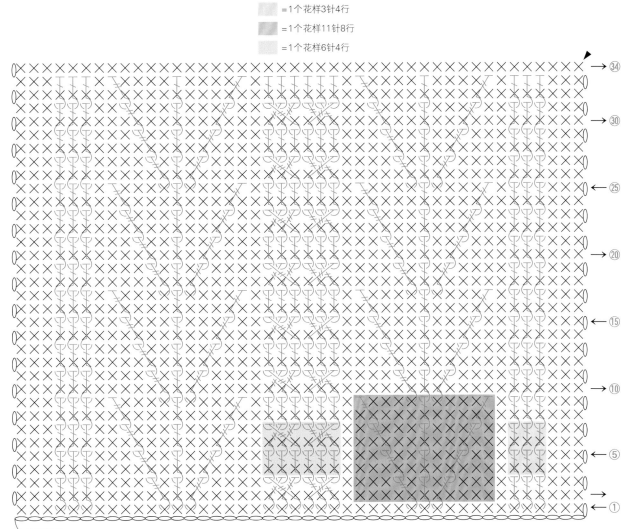

编织起点
锁针（44针）起针

29

棒针
6号

钩针
5/0号

和麻纳卡
Amerry
（20）
————
20g

| 15cm×20cm |

设计、制作… 长者加寿子

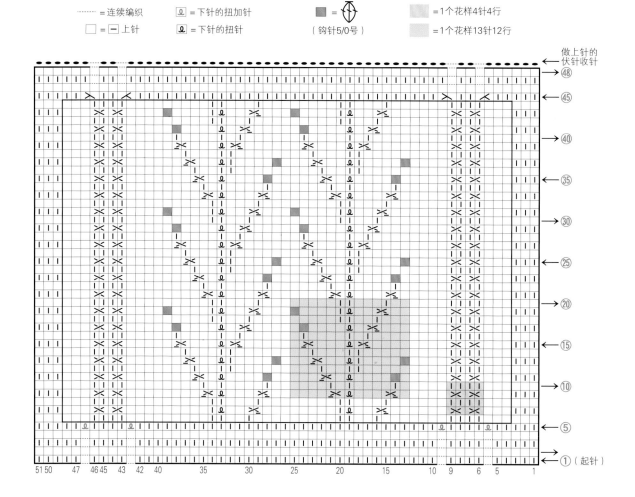

钩针

5/0号

和麻纳卡
Amerry
（20）

30g

| 15.5cm×21cm |

设计、制作… 长者加寿子

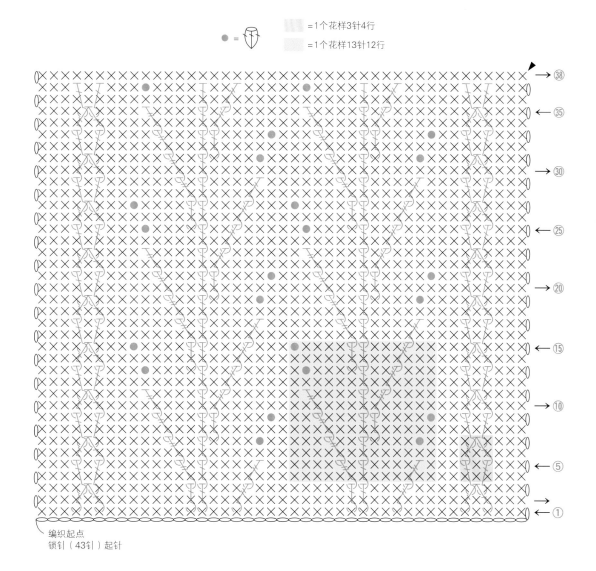

● =

=1个花样3针4行

=1个花样13针12行

编织起点
锁针（43针）起针

31

棒针

6号

和麻纳卡
Amerry
（20）
- - - -
19g

15cm × 20.5cm

设计、制作… 长者加寿子

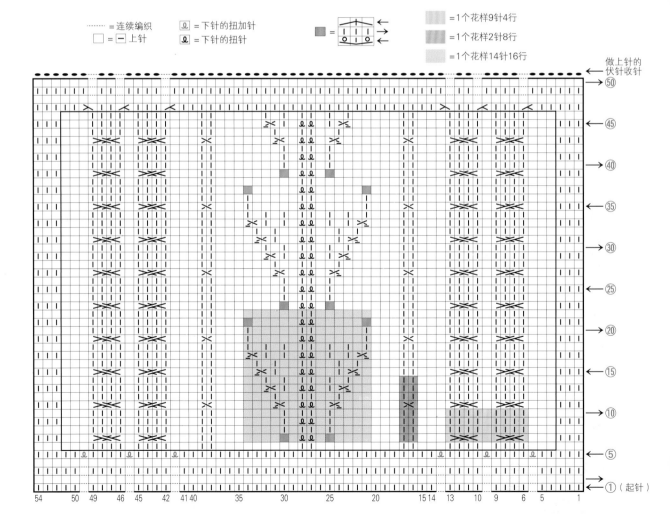

-------- =连续编织　　 ⚋ =下针的扭加针　　　 ▨ =1个花样9针4行

□ = 〓 =上针　　　 ⚋ =下针的扭针　　　　 ▨ =1个花样2针8行

　　　　　　　　　　　　　　　　　　　　　　 ▨ =1个花样14针16行

做上针的伏针收针

| 14cm × 20.5cm |

设计、制作… 长者加寿子

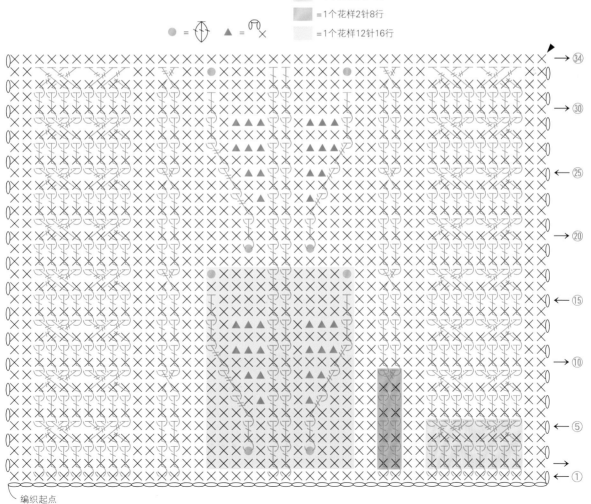

钩针
5/0号

和麻纳卡
Amerry
（20）

32g

= 1个花样8针4行
= 1个花样2针8行
= 1个花样12针16行

● = 　 ▲ =

→ 34
→ 30
← 25
→ 20
← 15
→ 10
← 5
→ 1

编织起点
锁针（44针）起针

钻石花样

顾名思义，这个花样表现的是钻石的形状，代表富有、成功。据说还表现了令渔村繁荣必不可少的渔网的网眼。

棒针
6号、8号

和麻纳卡
EXCEED
WOOL L（中粗）
（804）

24g

| 15cm×21cm |

设计、制作… 武田敦子

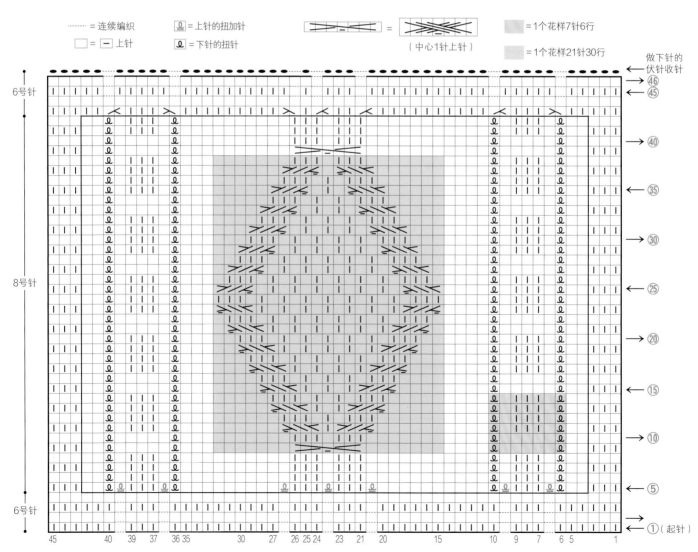

钩针

7/0号

和麻纳卡
EXCEED
WOOL L（中粗）
（804）

33g

| 15cm×20.5cm |

设计、制作… 武田敦子

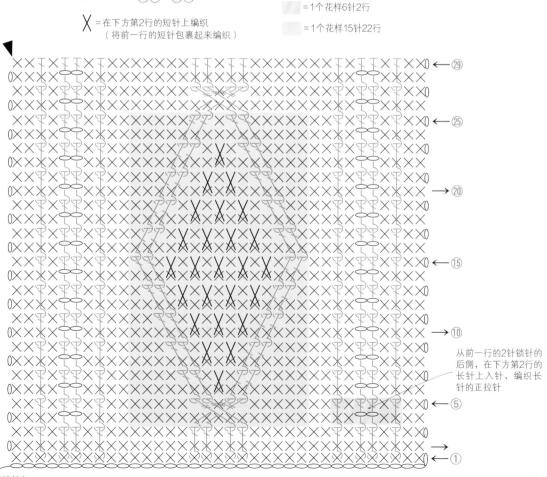

（中心1针短针）

X = 在下方第2行的短针上编织
（将前一行的短针包裹起来编织）

▨ = 1个花样6针2行

▨ = 1个花样15针22行

→29

→25

→20

→15

→10

从前一行的2针锁针的
后侧，在下方第2行的
长针上入针，编织长
针的正拉针

←5

←①

编织起点
锁针（35针）起针

棒针

5号、7号

和麻纳卡
Amerry
(49)

16g

| 12.5cm×19.5cm |

设计、制作··· 武田敦子

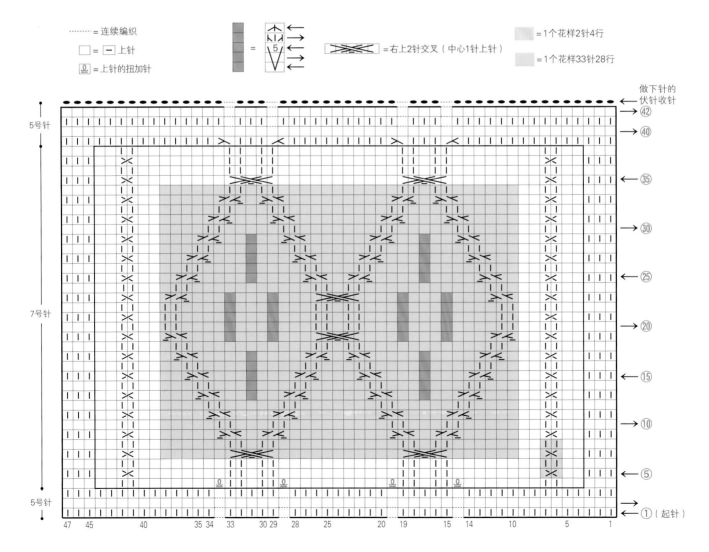

| 12.5cm × 19.5cm |

设计、制作… 武田敦子

钩针
6/0号
和麻纳卡
Amerry
（49）
21g

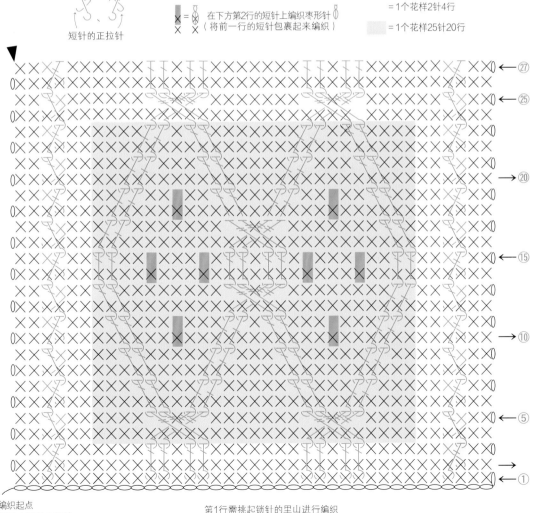

短针的正拉针

✕ = ⬚ = 在下方第2行的短针上编织枣形针
（将前一行的短针包裹起来编织）

⬚ = 1个花样2针4行

⬚ = 1个花样25针20行

编织起点
锁针（37针）起针

第1行需挑起锁针的里山进行编织

| 14.5cm × 20cm |
设计、制作… 武田敦子

…… = 连续编织

□ = 上针 ｜ = 上针

Ϩ = 下针的扭加针

Ϩ = 上针的扭加针

Ϩ = 下针的扭针

= 1个花样46针32行

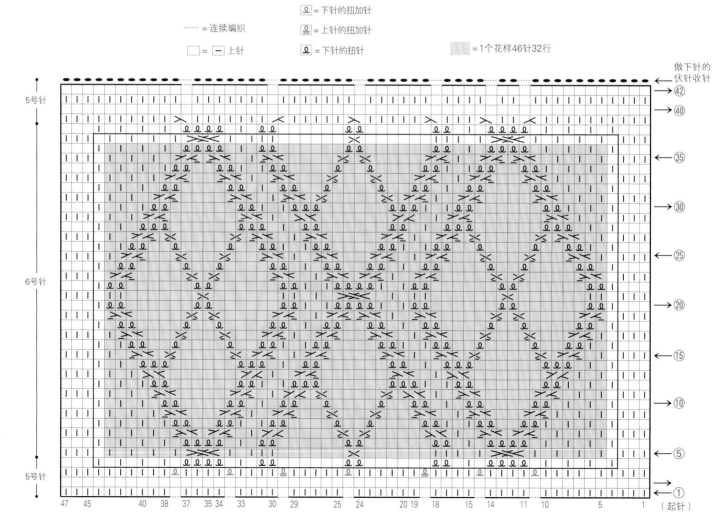

| 13.5cm×21cm |

设计、制作… 武田敦子

钩针
6/0号

和麻纳卡
Amerry
（40）

22g

X = 在下方第2行的短针上编织
（将前一行的短针包裹起来编织）

= 编织2针长针的正
拉针，并使褐色的
1针长针位于上方

= 1个花样32针24行

← 27
← 25
→ 20
← 15
→ 10
← 5
→ 1

编织起点
锁针（36针）起针

39

之字形花样

这个花样表现着夫妻相伴，
同甘苦，共患难，
构筑幸福人生的决心。

永结同心，

棒针

7号

钻石线
Diaepoca
（382）

22g

| 15cm×20cm |

设计、制作… 池上 舞

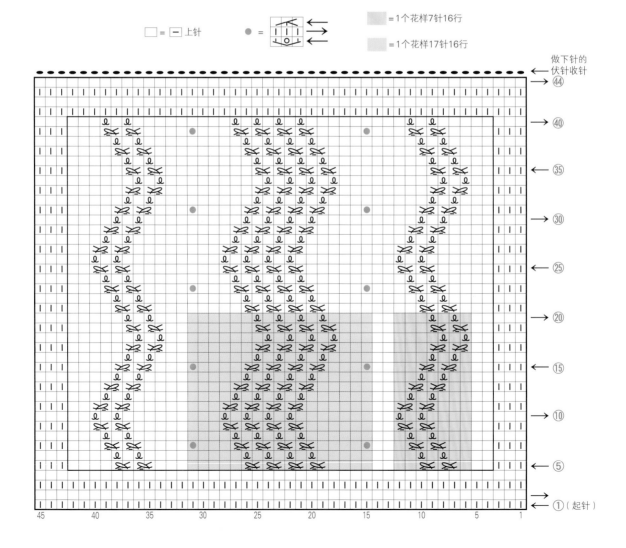

□ = ⊢一⊣ 上针　　● = 　　　= 1个花样7针16行

　　　= 1个花样17针16行

做下针的
伏针收针

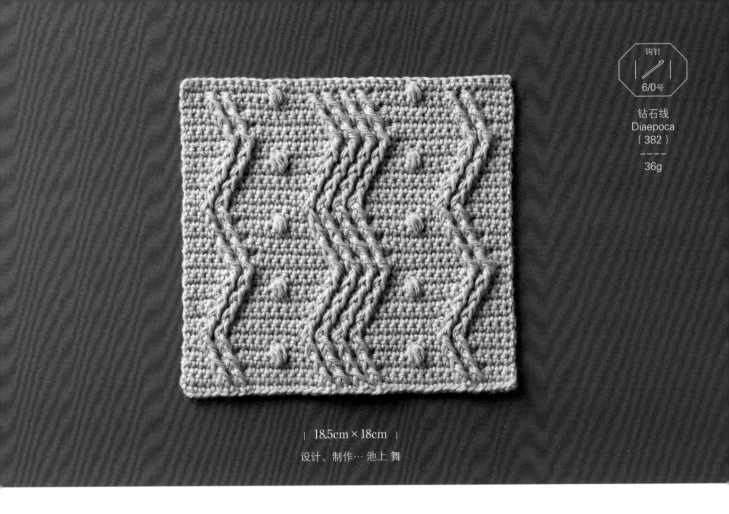

钩针
6/0号

钻石线
Diaepoca
（382）

36g

| 18.5cm×18cm |

设计、制作… 池上 舞

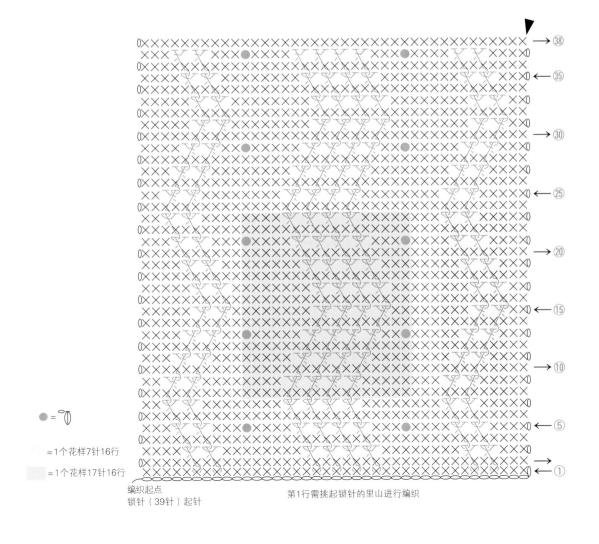

● = ⑪

= 1个花样7针16行

= 1个花样17针16行

编织起点
锁针（39针）起针

第1行需挑起锁针的里山进行编织

棒针
7号

钻石线
Diaepoca
(354)

21g

| 15cm×20cm |

设计、制作… 池上 舞

□ = ⊟ 上针

ℓ =下针的扭针　　　▨ =1个花样11针16行

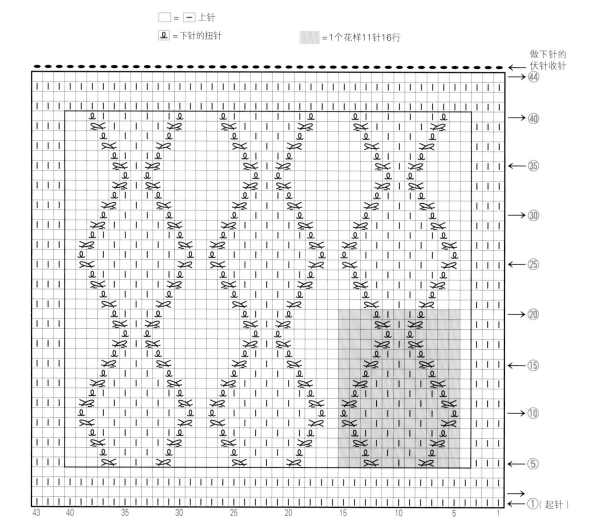

做下针的
伏针收针

钩针
6/0号
钻石线
Diaepoca
（354）

33g

| 18cm × 18cm |

设计、制作… 池上 舞

□ =1个花样12针16行

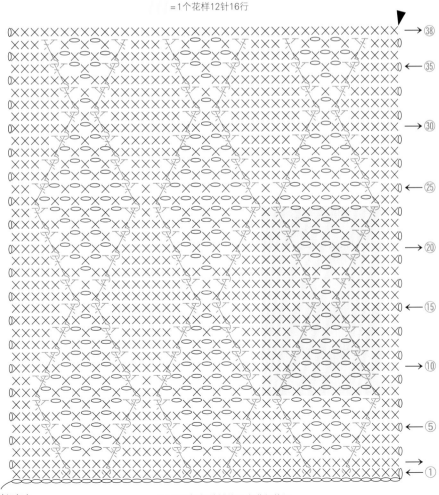

编织起点
锁针（39针）起针

第1行需挑起锁针的里山进行编织

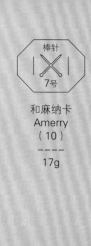

棒针

7号

和麻纳卡
Amerry
（10）
- - - -
17g

| 16cm×20cm |

设计 … 冈本启子　制作 … 佐伯寿贺子

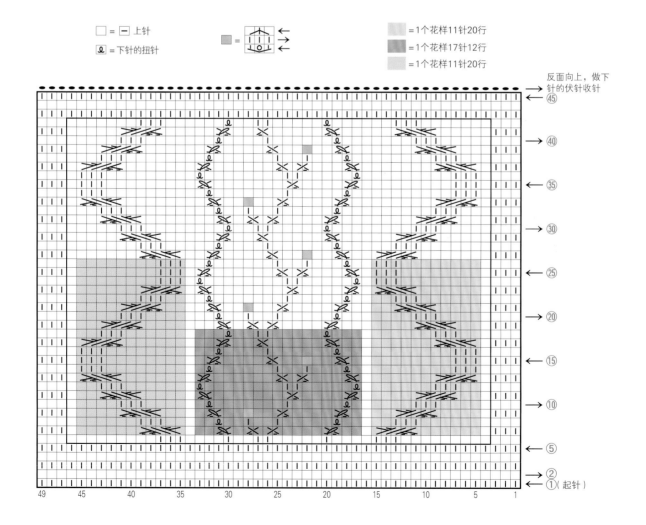

钩针
6/0号

和麻纳卡
Amerry
（10）

27g

18.5cm×20.5cm

设计 ··· 冈本启子　制作 ··· 佐伯寿贺子

= 1个花样11针10行
= 1个花样17针6行
= 1个花样11针10行

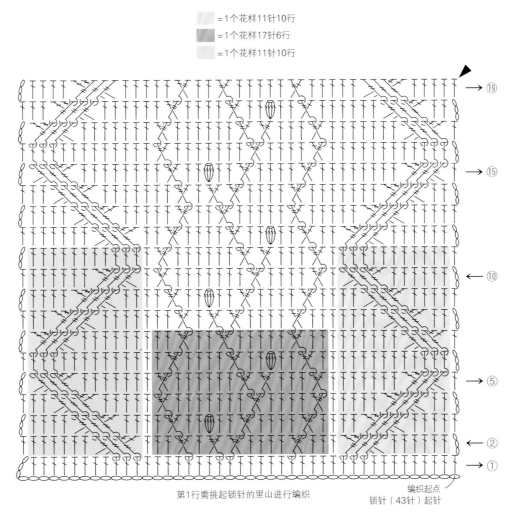

→ ⑲

→ ⑮

← ⑩

→ ⑤

← ②

→ ①

第1行需挑起锁针的里山进行编织

编织起点
锁针（43针）起针

组合花样

编织阿兰花样时经常组合多种花样使用。

选择喜欢的花样组合在一起，

享受编织的乐趣吧。

棒针

8号

和麻纳卡
EXCEED
WOOL L（中粗
（801）

————

28g

| 15cm×20cm |

设计 … 冈本启子　制作… 辻 尊子

□ = │ 上针

❷ = 下针的扭针

■ =

= （左上3针交叉的减针）

= （右上3针交叉的减针）

=1个花样17针20行

=1个花样13针6行

=1个花样17针20行

做下针的
伏针收针

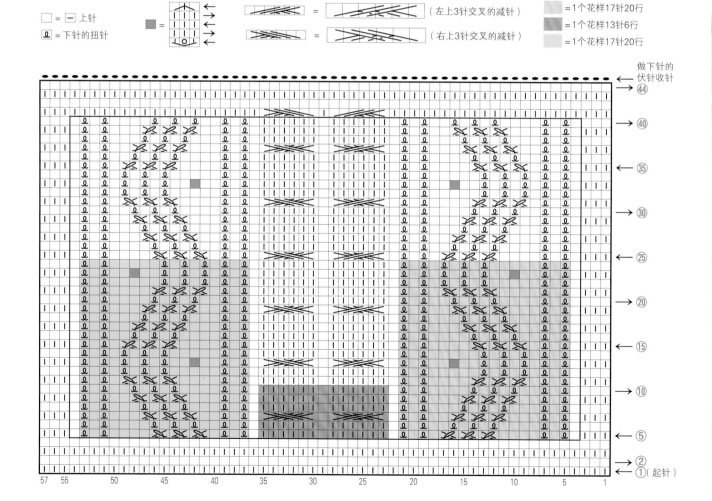

| 15cm×23cm |

设计 … 冈本启子　制作 … 辻 尊子

钩针
4/0号

和麻纳卡
EXCEED
WOOL L（中粗）
（801）
————
44g

=1个花样17针8行　　=1个花样17针8行

=1个花样16针3行

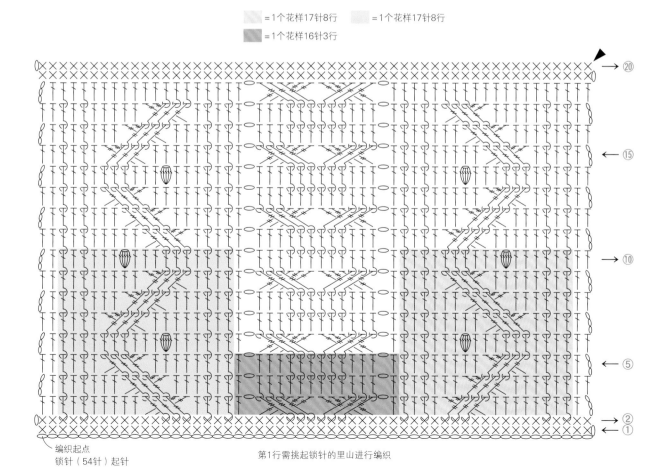

编织起点
锁针（54针）起针

第1行需挑起锁针的里山进行编织

→⑳

←⑮

→⑩

←⑤

→②
→①

棒针
5号、7号

和麻纳卡
Amerry
（20）

17g

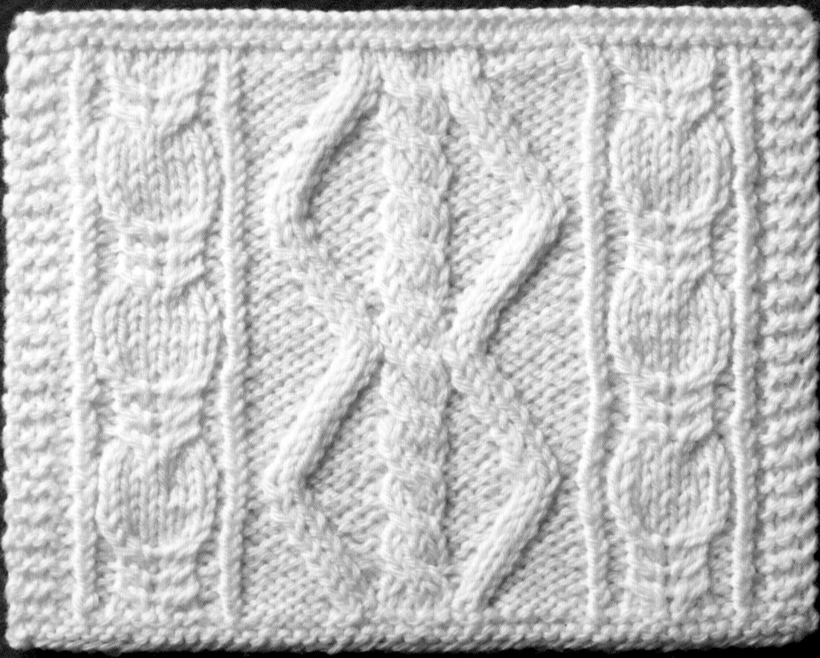

16cm×19.5cm

设计…冈本启子　制作…宫崎满子

□ = ⊟ 上针
ℓ = 下针的扭针

= 1个花样10针12行
= 1个花样18针20行

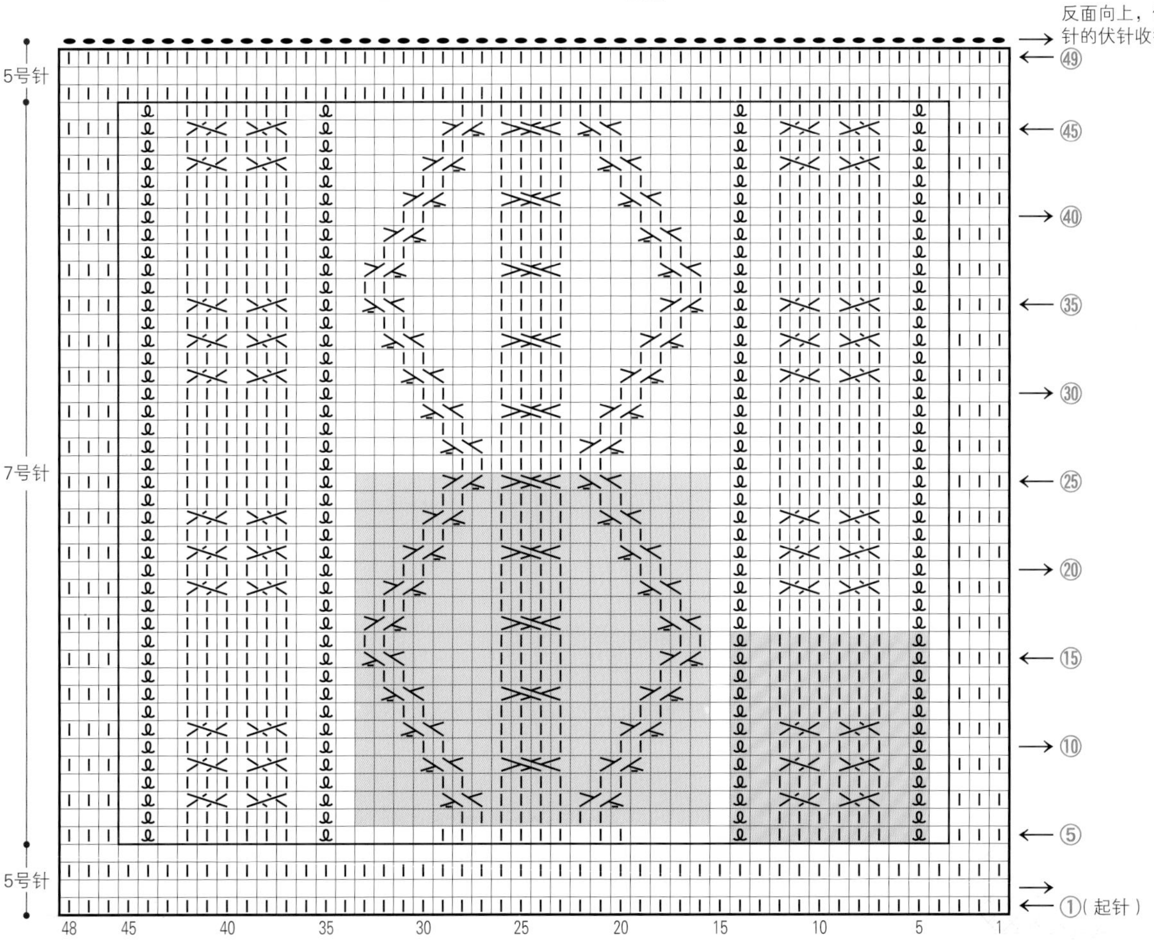

反面向上，做下针的伏针收针
5号针
7号针
5号针
49
45
40
35
30
25
20
15
10
5
1（起针）
48
45
40
35
30
25
20
15
10
5
1

钩针
6/0号

和麻纳卡
Amerry
（20）
————
42g

| 20cm×21cm |

设计… 冈本启子　制作… 宫崎满子

＝1个花样10针12行

＝1个花样18针20行

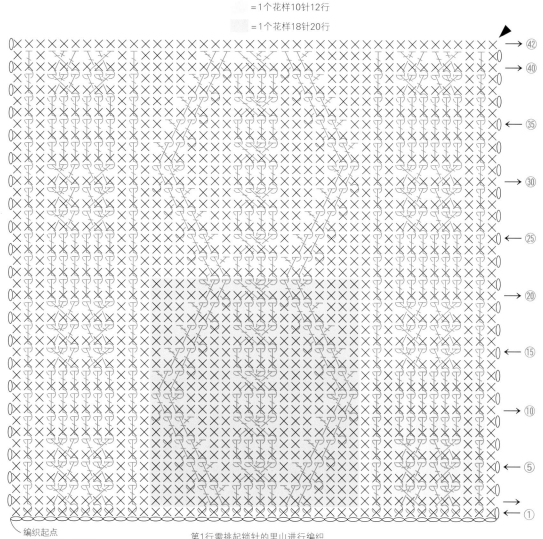

编织起点
锁针（42针）起针

第1行需挑起锁针的里山进行编织

棒针

5号、8号

和麻纳卡
EXCEED
WOOL L（中粗）
（827）

27g

| 15.5cm × 20cm |

设计… 冈本启子　制作 … 山本洋子

□ = ⊡ 上针

ℓ = 下针的扭针

▦ = ▦ = 左上2针交叉（中心1针上针）

▦ =1个花样13针10行
▦ =1个花样20针16行
▦ =1个花样8针4行

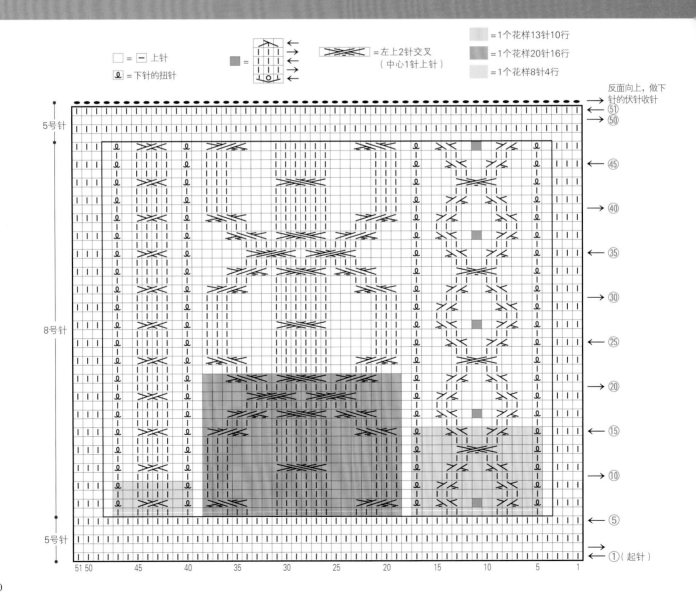

反面向上，做下针的伏针收针

5号针

8号针

5号针

50

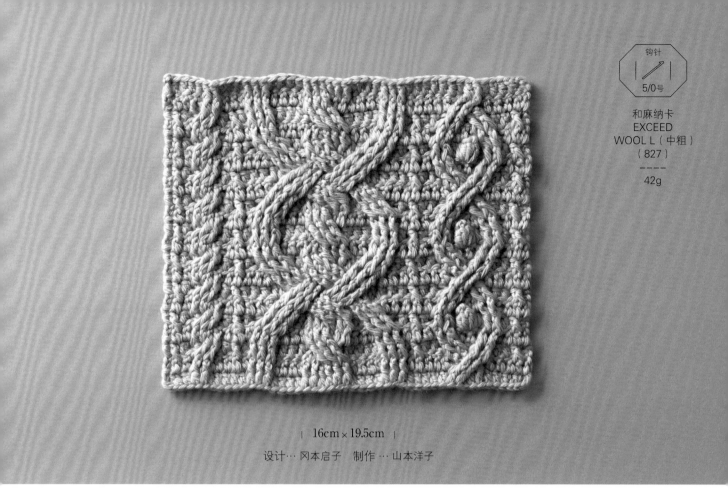

| 16cm × 19.5cm |

设计··· 冈本启子　制作··· 山本洋子

钩针
5/0号

和麻纳卡
EXCEED
WOOL L（中粗）
（827）

42g

　　　= 1个花样13针6行

　　　= 1个花样20针8行

　　　= 1个花样8针2行

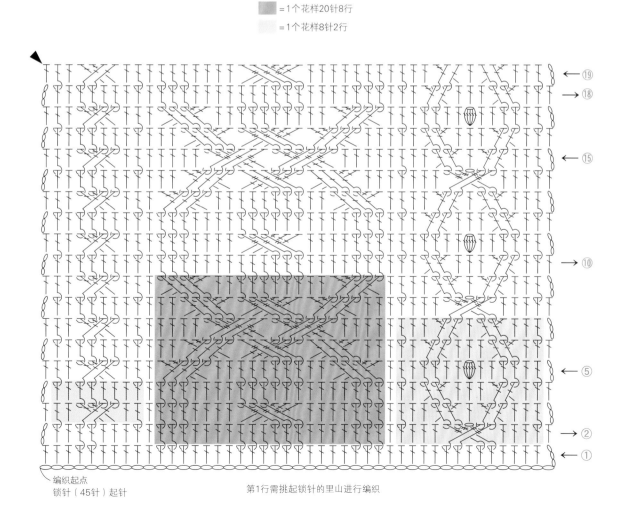

←⑲
→⑱
←⑮
→⑩
←⑤
→②
←①

编织起点
锁针（45针）起针

第1行需挑起锁针的里山进行编织

棒针

5号、8号

和麻纳卡
EXCEED
WOOL L（中粗）
（802）
————
25g

| 16.5cm × 18.5cm |

设计 ⋯ 冈本启子　制作 ⋯ 中川好子

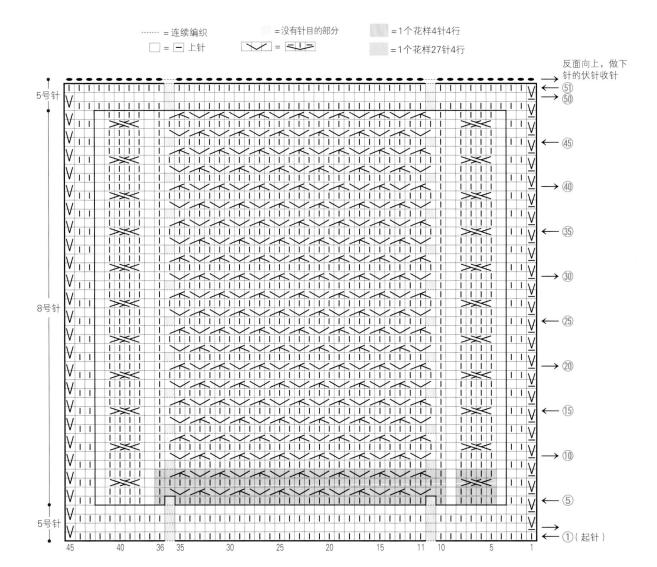

钩针
6/0号

和麻纳卡
EXCEED
WOOL L（中粗）
（802）

35g

| 17cm × 17.5cm |

设计 … 冈本启子　制作 … 中川好子

...... = 连续编织
↓ = 在下方的针目上编织

□ = 1个花样6针4行
▨ = 1个花样15针4行

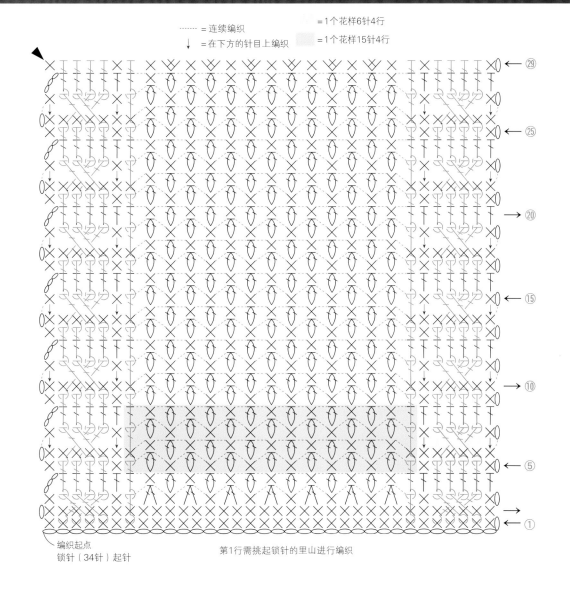

编织起点
锁针（34针）起针

第1行需挑起锁针的里山进行编织

53

棒针

5号、6号

和麻纳卡
EXCEED
WOOL L（中粗）
（801）

28g

| 15cm × 20.5cm |

设计、制作··· 镰田惠美子

□ = ① 下针

=1个花样4针4行

=1个花样8针8行

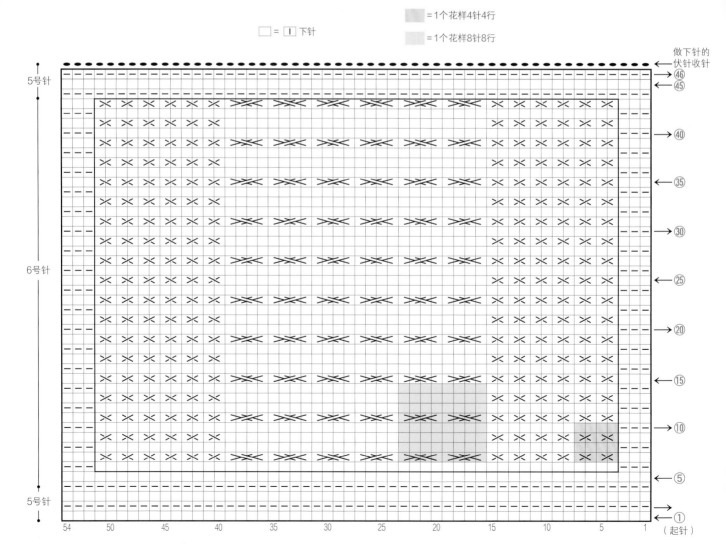

钩针

5/0号

和麻纳卡
EXCEED
WOOL L（中粗）
（801）
- - - -
51g

| 17cm×22.5cm |

设计、制作··· 镰田惠美子

= 1个花样4针2行

= 1个花样8针4行

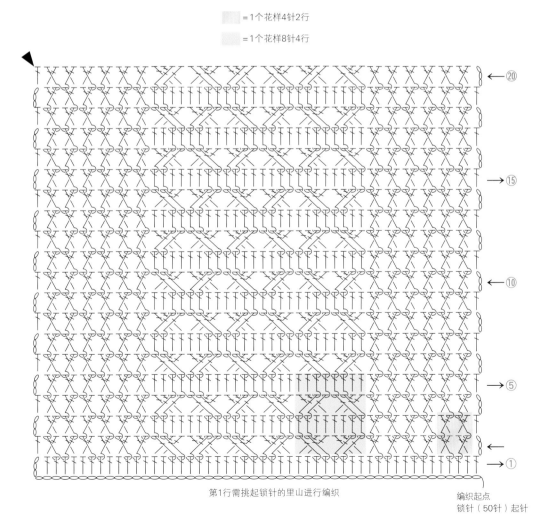

←⑳

→⑮

←⑩

→⑤

←

→①

第1行需挑起锁针的里山进行编织

编织起点
锁针（50针）起针

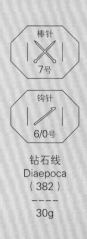

棒针
7号

钩针
6/0号

钻石线
Diaepoca
（382）
- - - -
30g

| 15cm × 21cm |

设计、制作… 芹泽圭子

------ = 连续编织　　　ℓ = 下针的扭针　　　● = 钩针6/0号　　　▨ = 1个花样5针6行

□ = − = 上针　　　ℓ = 上针的扭针　　　（钩针6/0号）　　　▨ = 1个花样48针8行

做下针的
伏针收针

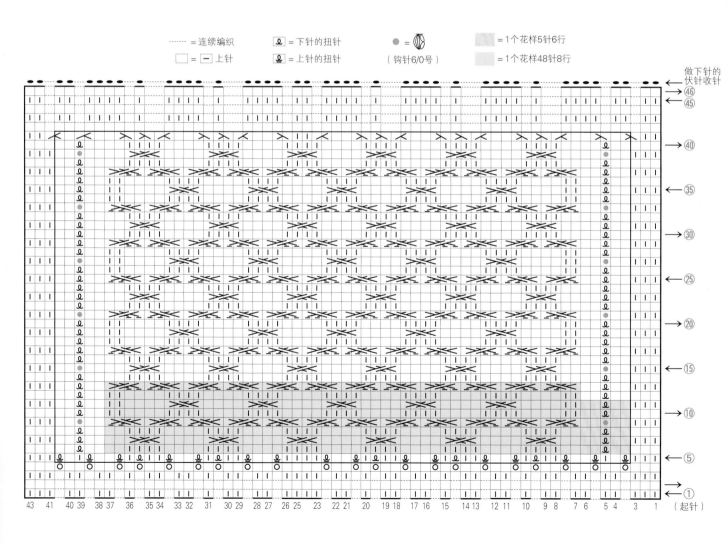

钩针
7/0号
钻石线
Diaepoca
（382）

43g

| 15cm×21cm |

设计、制作… 芹泽圭子

------- = 连续编织   = 1个花样3针4行

= 在下方第2行的针目上编织   = 1个花样36针8行
（将前一行的针目包裹起来编织）

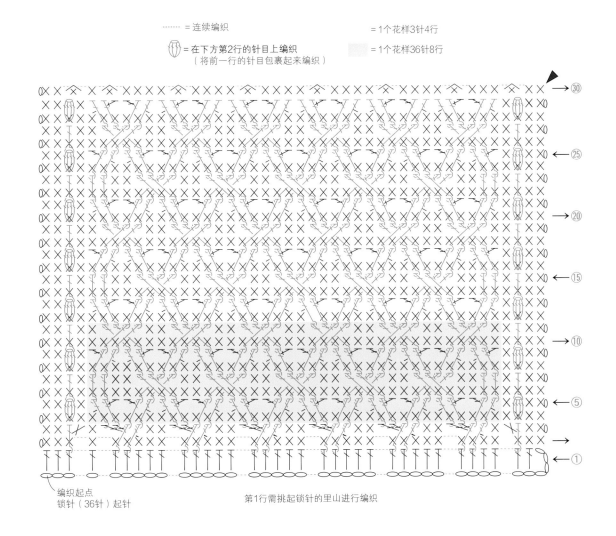

编织起点
锁针（36针）起针

第1行需挑起锁针的里山进行编织

| 15.5cm × 19cm |

设计、制作… 芹泽圭子

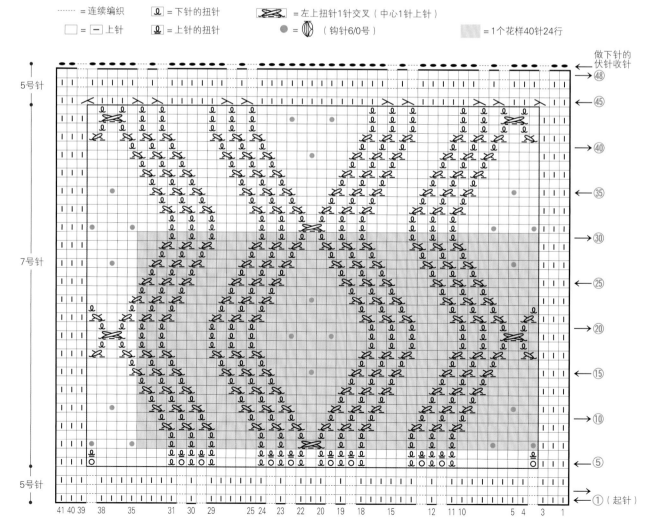

棒针
5号、7号

钩针
6/0号

钻石线
Diaepoca
（301）
－－－－
24g

58

钩针
7/0号

钻石线
Diaepoca
（301）

————

37g

| 15cm×23cm |

设计、制作… 芹泽圭子

········ =连续编织　　● = 　　 = 在下方第2行的针目上编织长针　　 =1个花样43针16行
（将前一行的针目包裹起来编织）

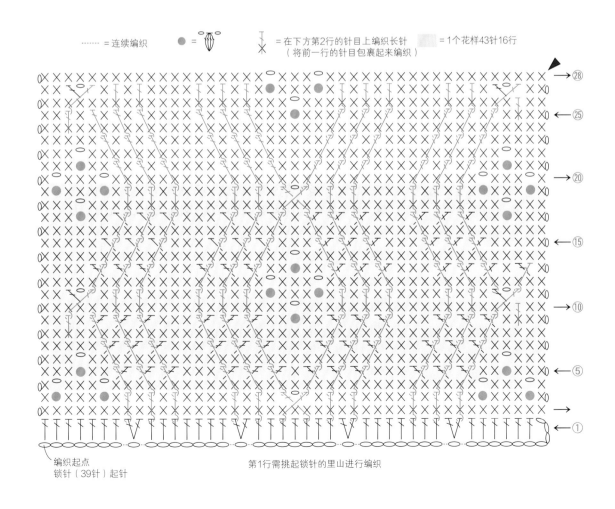

编织起点
锁针（39针）起针

第1行需挑起锁针的里山进行编织

棒针
7号

和麻纳卡
EXCEED
WOOL L（中粗）
（855）

27g

| 15cm × 20.5cm |

设计、制作…远藤裕美

········ =连续编织   Ω =下针的扭加针   ▨ =1个花样11针10行

□ = − =上针   ⊠ =左上2针交叉（中心1针上针）   ▨ =1个花样15针6行

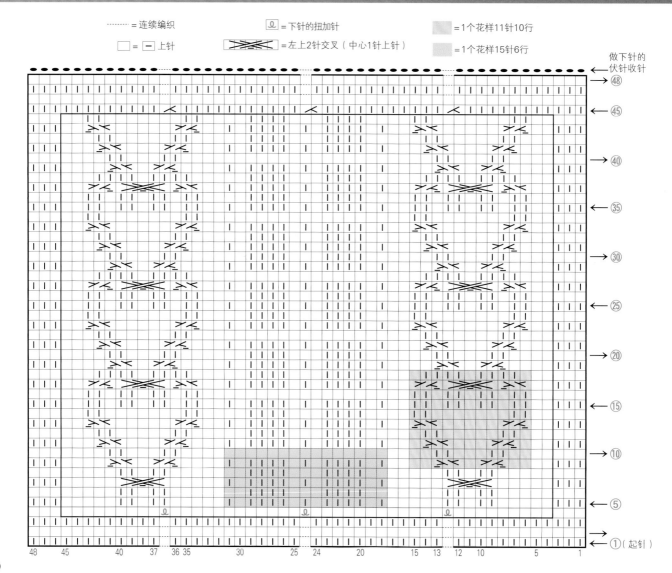

做下针的
← 伏针收针

← ㊽

← ㊺

← ㊵

← ㉟

← ㉚

← ㉕

← ⑳

← ⑮

← ⑩

← ⑤

← ①（起针）

48 45   40   37 36 35   30   25 24   20   15 13 12 10   5   1

60

钩针
5/0号

和麻纳卡
EXCEED
WOOL L（中粗）
（855）
————
41g

| 16cm×22.5cm |

设计、制作… 远藤裕美

=1个花样13针4行

=1个花样19针2行

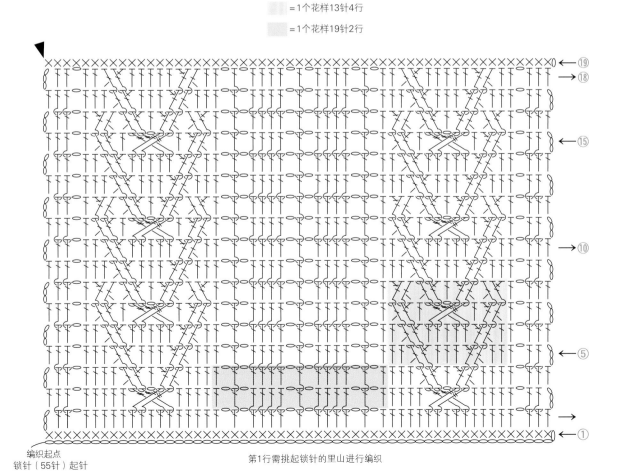

←⑲
→⑱
←⑮
→⑩
←⑤
→
←①

编织起点
锁针（55针）起针

第1行需挑起锁针的里山进行编织

棒针
5号、6号

和麻纳卡
Amerry
（20）

19g

| 16cm × 19.5cm |

设计、制作… 镰田惠美子

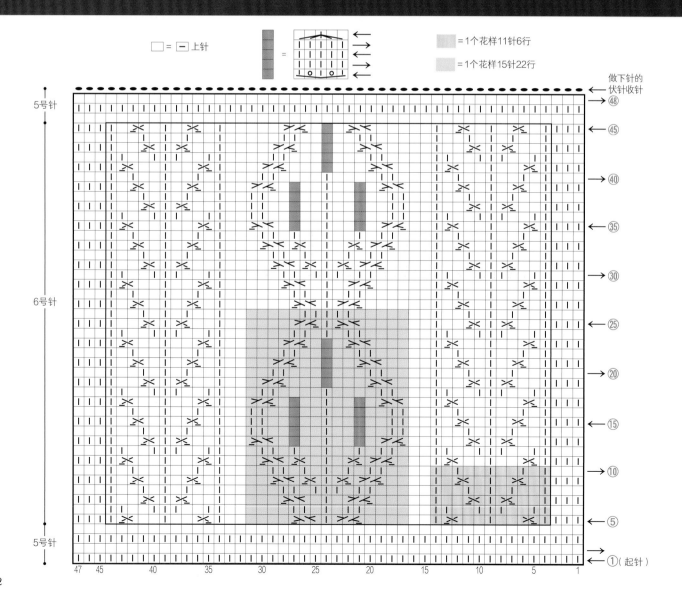

钩针
5/0号

和麻纳卡
Amerry
（20）

35g

| 19.5cm×22.5cm |

设计、制作…镰田惠美子

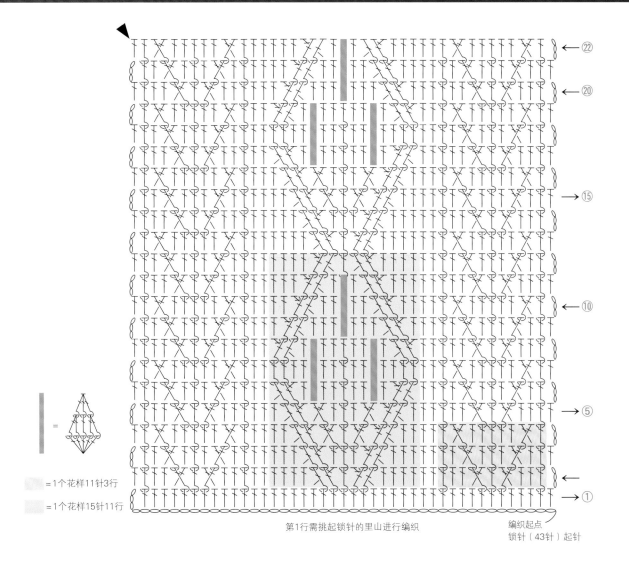

= 1个花样11针3行

= 1个花样15针11行

第1行需挑起锁针的里山进行编织

编织起点
锁针（43针）起针

棒针
7号

钩针
5/0号

和麻纳卡
EXCEED
WOOL L（中粗）
（855）
- - - -
26g

| 15cm × 20.5cm |

设计、制作… 远藤裕美

········· = 连续编织　　ℚ = 下针的扭加针　　　● = （钩针5/0号）　　▨ =1个花样4针4行

□ = − = 上针　　　ℚ = 下针的扭针　　　　　　　　　　　　▨ =1个花样11针18行

　　　　　　　　　　　　　　　　　　　　　　　　　　　　▨ =1个花样3针4行

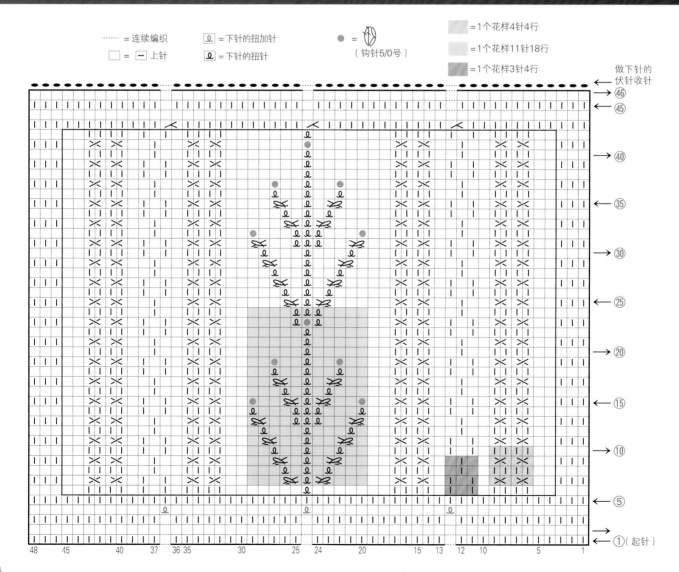

钩针
5/0号

和麻纳卡
EXCEED
WOOL L（中粗）
（855）

37g

| 15.5cm×20cm |

设计、制作… 远藤裕美

= 1个花样4针2行

= 1个花样3针2行

= 1个花样11针8行

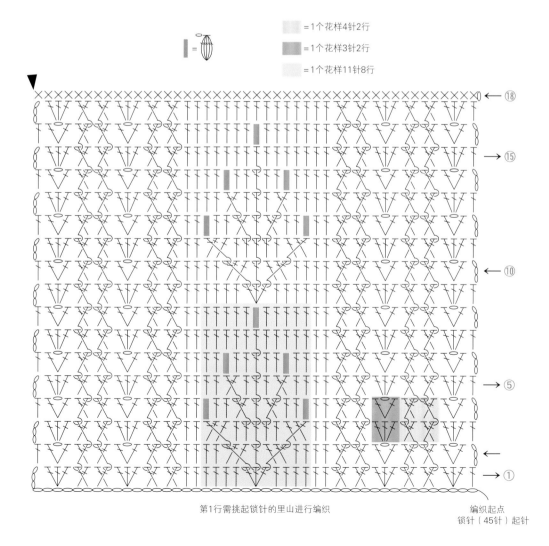

第1行需挑起锁针的里山进行编织

编织起点
锁针（45针）起针

棒针

7号

钻石线
Diaepoca
（302）

22g

| 15cm×20cm |

设计、制作… 河合真弓

······· = 连续编织

□ = [I] 下针

⚲ = 上针的扭针

▨ = 1个花样6针6行

▨ = 1个花样8针6行

▨ = 1个花样4针4行

▨ = 1个花样8针16行

反面向上，做上
针的伏针收针

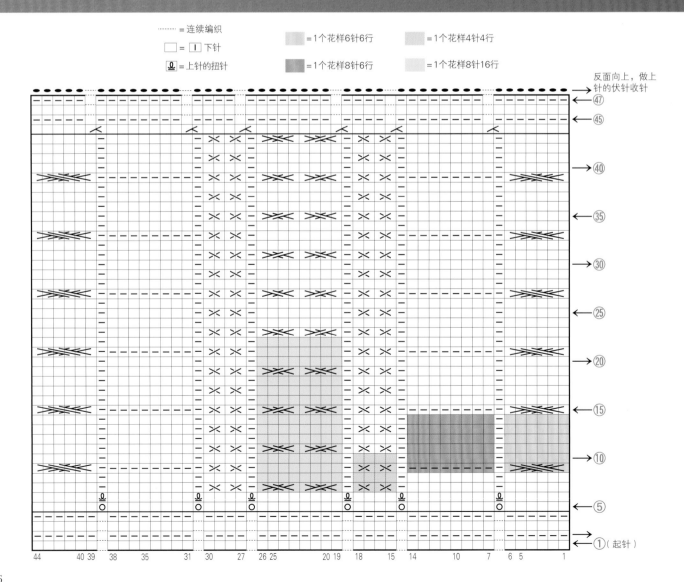

| 15cm×21cm |

设计… 河合真弓　制作… 关谷 幸子

钩针
5/0号

钻石线
Diaepoca
（302）

36g

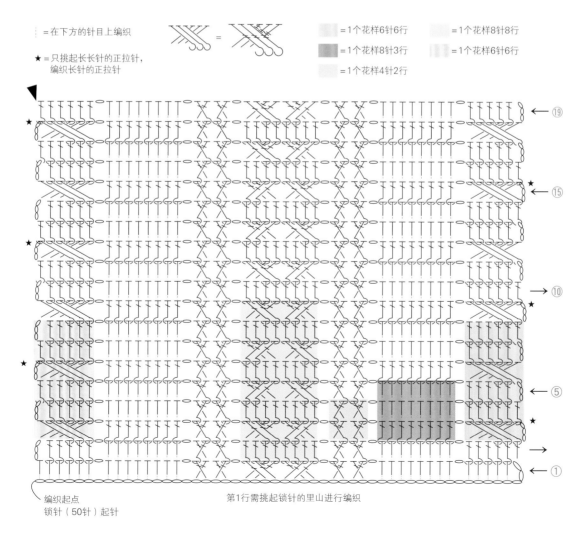

＝在下方的针目上编织

★＝只挑起长长针的正拉针，
编织长针的正拉针

＝1个花样6针6行
＝1个花样8针3行
＝1个花样4针2行
＝1个花样8针8行
＝1个花样6针6行

编织起点
锁针（50针）起针

第1行需挑起锁针的里山进行编织

67

| 14.5cm×20cm |

设计、制作… 冈 真理子

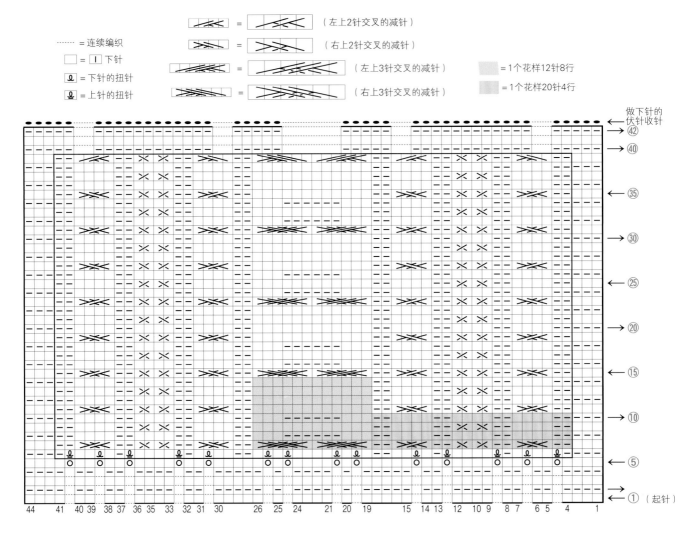

········ = 连续编织

□ = Ｉ 下针

Ⓠ = 下针的扭针

Ⓠ = 上针的扭针

= （左上2针交叉的减针）

= （右上2针交叉的减针）

= （左上3针交叉的减针）

= （右上3针交叉的减针）

= 1个花样12针8行

= 1个花样20针4行

做下针的
伏针收针

⑫

⑩

←㉟

→㉚

←㉕

→⑳

←⑮

→⑩

←⑤

→①（起针）

44 41 40 39 38 37 36 35 33 32 31 30 26 25 24 21 20 19 15 14 13 12 10 9 8 7 6 5 4 1

钩针
7/0号

钻石线
Diaepoca
（382）

48g

| 17cm×23cm |

设计、制作… 冈 真理子

其中以粗线表示的 ┴┤ ┈┈┈┈ = 连续编织 ▨ = 1个花样16针8行

需包裹住前一行的锁针，在下方第2行的针目上进行编织 ✂ = 短针
（包裹住前一行的锁针，在下方 ▨ = 1个花样12针8行
第2行的针目上进行编织）

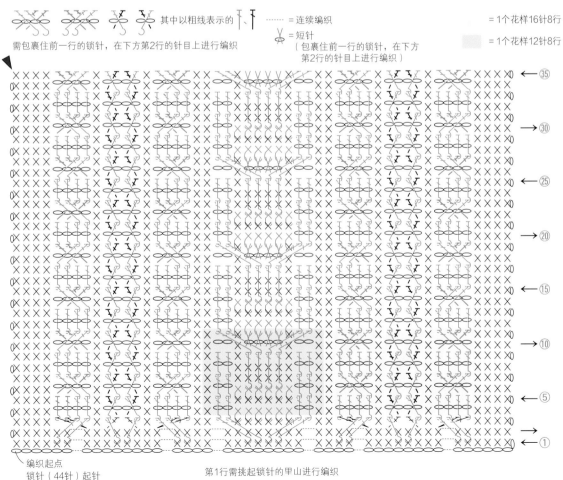

← ㉟
→ ㉚
← ㉕
→ ⑳
← ⑮
→ ⑩
← ⑤
→ ①
←

编织起点
锁针（44针）起针

第1行需挑起锁针的甲山进行编织

棒针
✕
6号

和麻纳卡
Amerry
（20）

20g

| 15cm × 20.5cm |

设计、制作… 长者加寿子

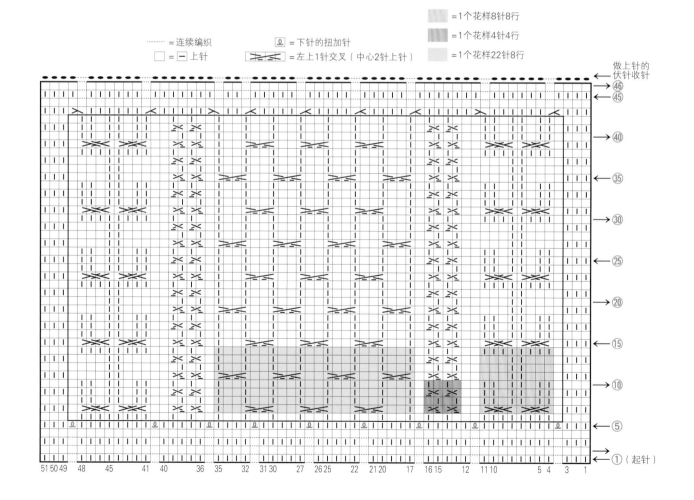

········ = 连续编织　　　　ℓ = 下针的扭加针

□ = 上针　　　　✕ = 左上1针交叉（中心2针上针）

= 1个花样8针8行

= 1个花样4针4行

= 1个花样22针8行

钩针
5/0号

和麻纳卡
Amerry
（20）
————
38g

| 14.5cm × 24cm |

设计、制作… 长者加寿子

□ =1个花样8针9行

□ =1个花样4针5行

□ =1个花样16针9行

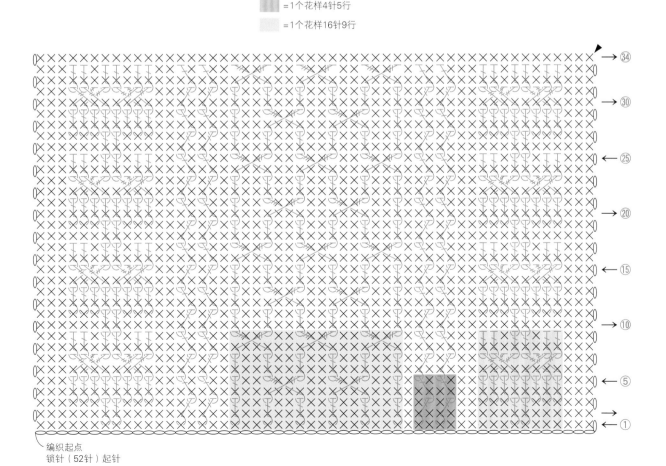

编织起点
锁针（52针）起针

棒针
8号

钻石线
Diaepoca
（302）
- - - -
23g

| 14.5cm×21cm |

设计、制作… 冈 真理子

- - - - - = 连续编织　　　　Ω = 下针的扭针　　　　 = 1个花样20针16行

□ = − 上针　　　　　Ω = 上针的扭针　　　　 = 1个花样8针8行

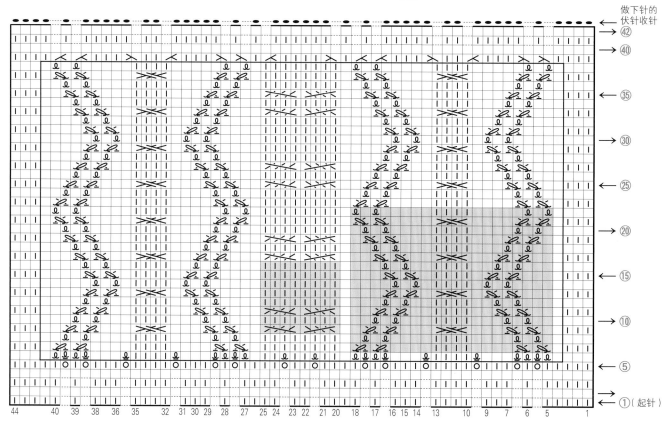

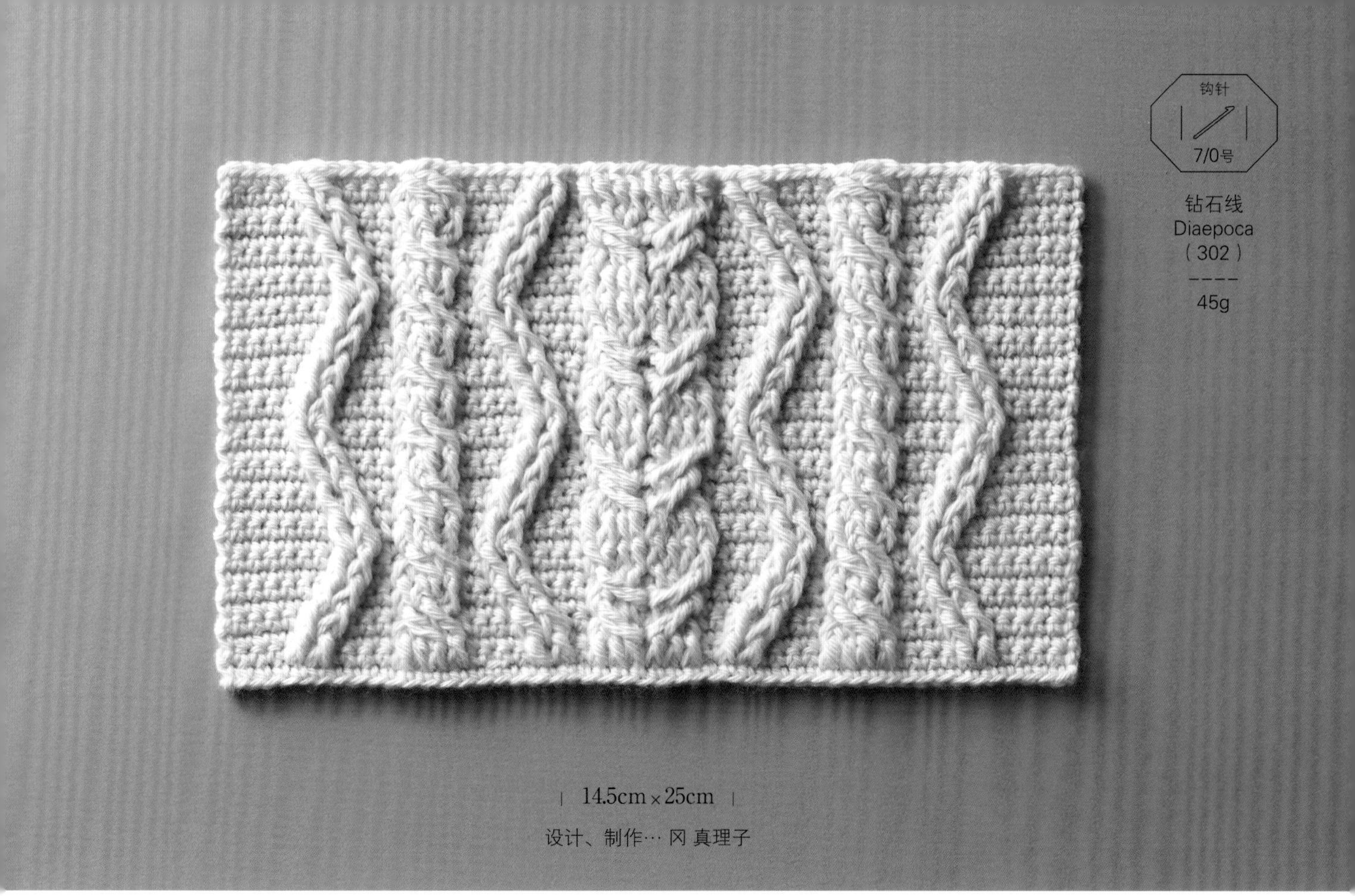

钩针
7/0号

钻石线
Diaepoca
（302）

45g

| 14.5cm × 25cm |

设计、制作… 冈 真理子

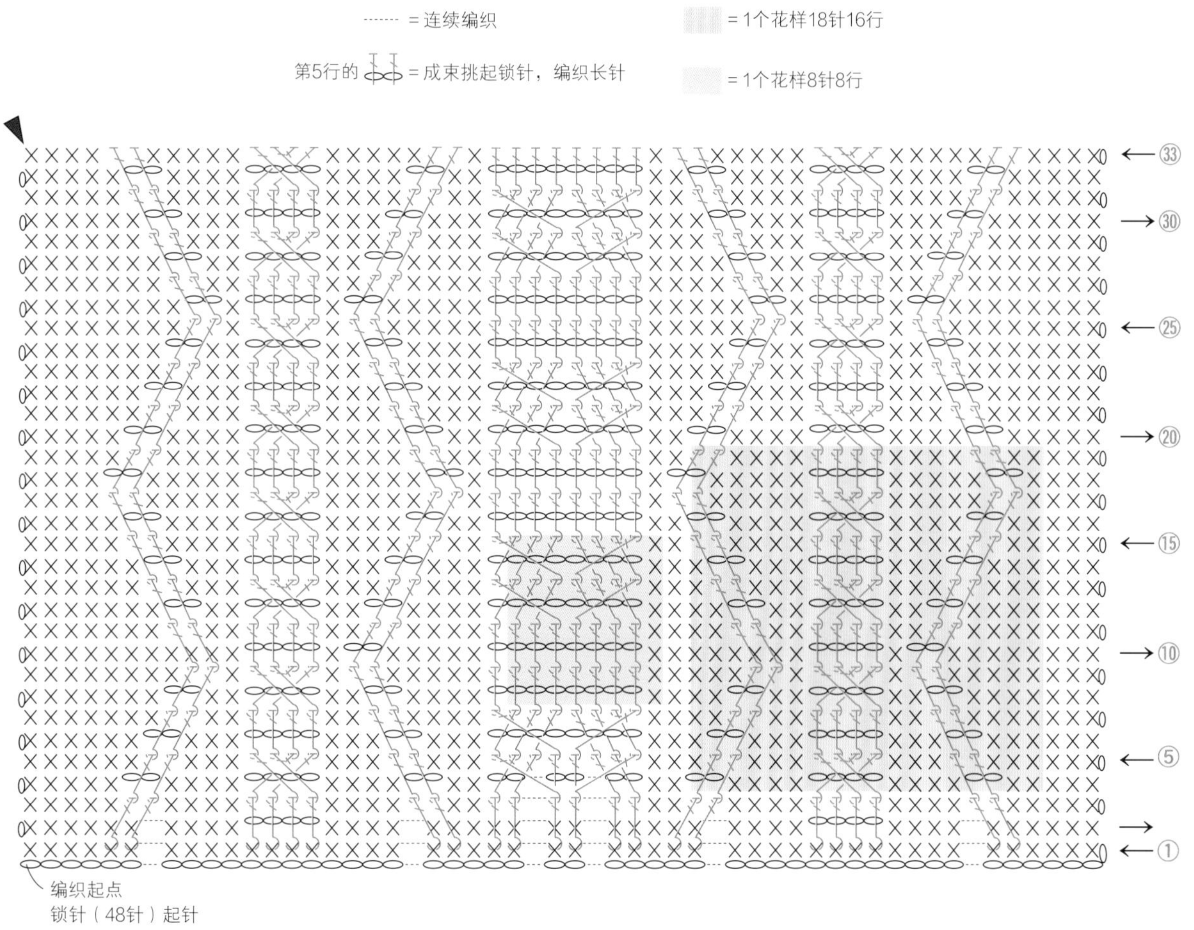

······ = 连续编织
= 1个花样18针16行
第5行的 = 成束挑起锁针，编织长针
= 1个花样8针8行
33
30
25
20
15
10
5
1
编织起点
锁针（48针）起针

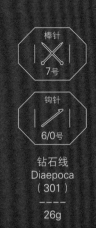

棒针
7号

钩针
6/0号

钻石线
Diaepoca
（301）

26g

| 16cm × 20cm |
设计、制作… 芹泽圭子

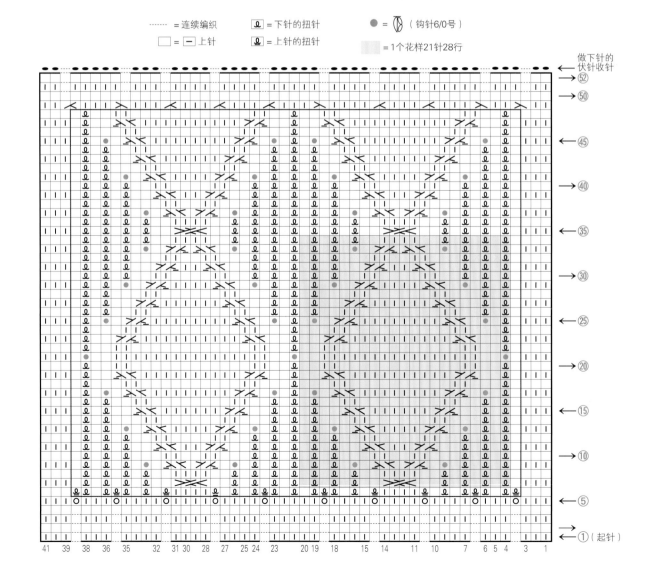

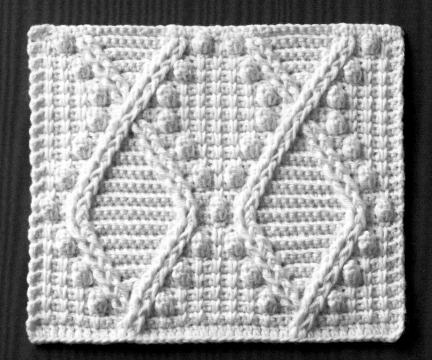

钩针
7/0号

钻石线
Diaepoca
（301）

57g

| 20cm×25cm |

设计、制作… 芹泽圭子

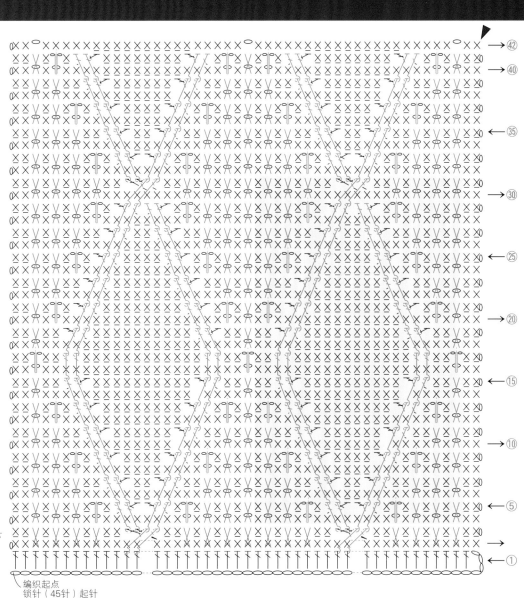

→⑫

→④

←㉟

→㉚

←㉕

→⑳

←⑮

→⑩

←⑤

→

→①

= 连续编织

X = 短针的菱形针

= 包裹住前一行的锁针，在下方
第2行的针目上进行编织

= （包裹住前一行的锁针，在下
方第2行的针目上进行编织）

= 1个花样21针28行

编织起点
锁针（45针）起针

75

棒针

8号

钻石线
Diaepoca
（354）

22g

| 14.5cm×20cm |

设计、制作··· 冈 真理子

------ = 连续编织　　　　　　 = 1个花样5针4行

□ = 上针　　　　　　 = 1个花样8针8行

ℓ = 下针的扭针　　　　 = 1个花样10针8行

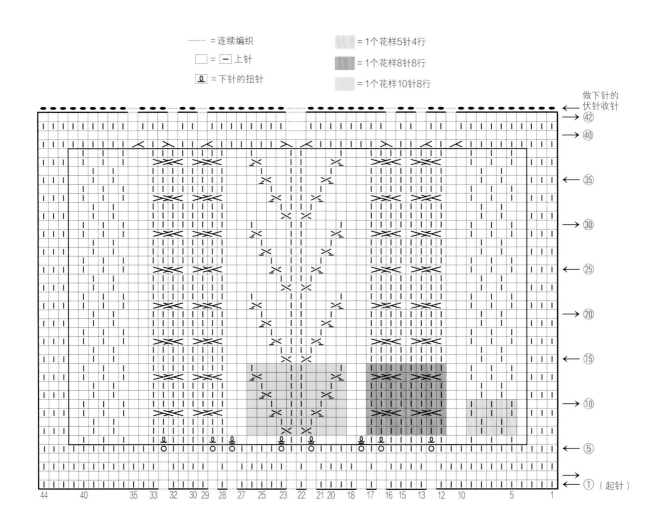

钩针
7/0号

钻石线
Diaepoca
（354）

39g

| 16cm×22cm |

设计、制作… 冈 真理子

= 1个花样5针4行

= 1个花样8针8行

……… = 连续编织　　= 1个花样10针8行

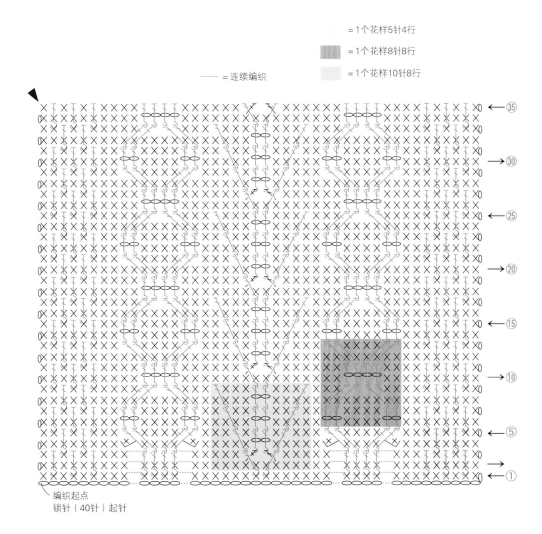

← ㉟
→ ㉚
← ㉕
→ ⑳
← ⑮
→ ⑩
← ⑤
→ ③
← ①

编织起点
锁针（40针）起针

棒针 6号

钩针 5/0号

和麻纳卡
Amerry
（20）
————
19g

| 15cm×21cm |

设计、制作⋯ 长者加寿子

········· = 连续编织

□ = $-$ 上针

ℓ = 下针的扭加针

ℓ = 下针的扭针

⊙ = ⎫
▪ = ⎭ 钩针5/0号

░ = 1个花样11针14行

▒ = 1个花样19针28行

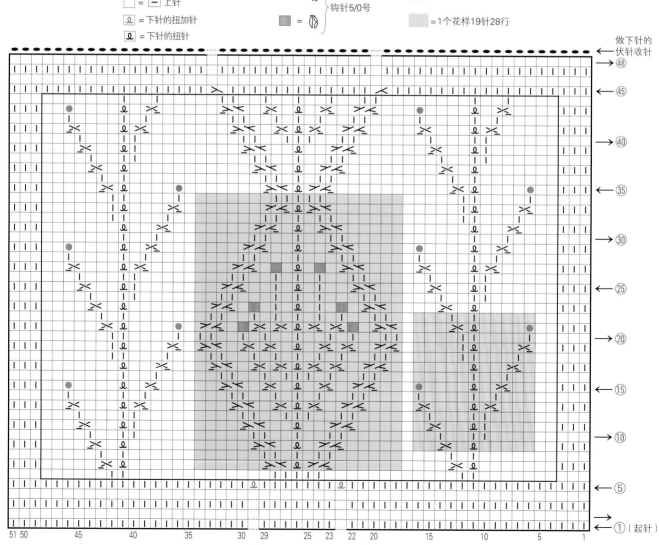

做下针的
伏针收针

→ 48
← 45
→ 40
← 35
→ 30
← 25
→ 20
← 15
→ 10
← 5
→ 1（起针）

51 50　45　40　35　30 29　25 23 22 20　15　10　5　1

| 16.5cm × 25cm |

设计、制作…长者加寿子

钩针
5/0号

和麻纳卡
Amerry
（20）

34g

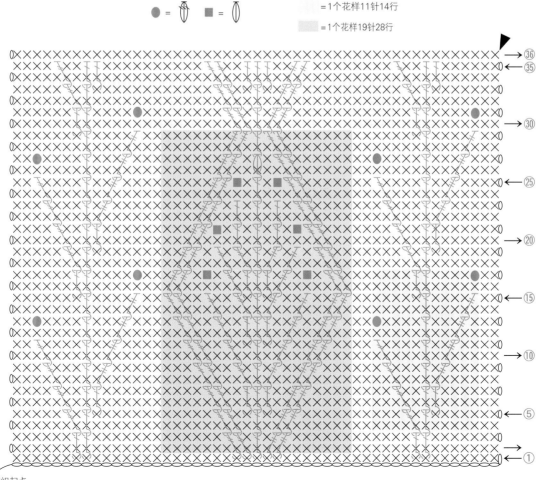

● = 🪡 ■ = 🪡

= 1个花样11针14行

= 1个花样19针28行

编织起点
锁针（49针）起针

| 15cm×20cm |

设计、制作… 河合真弓

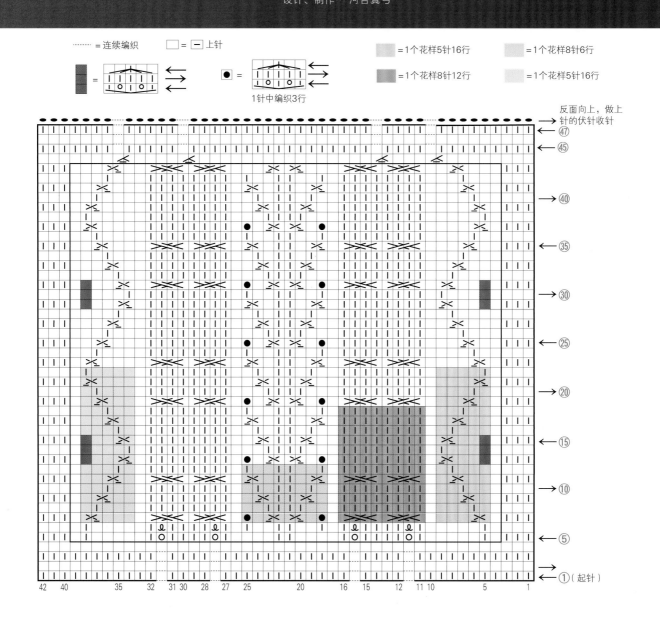

| 18cm × 22cm |

设计 … 河合真弓　制作 … 关谷 幸子

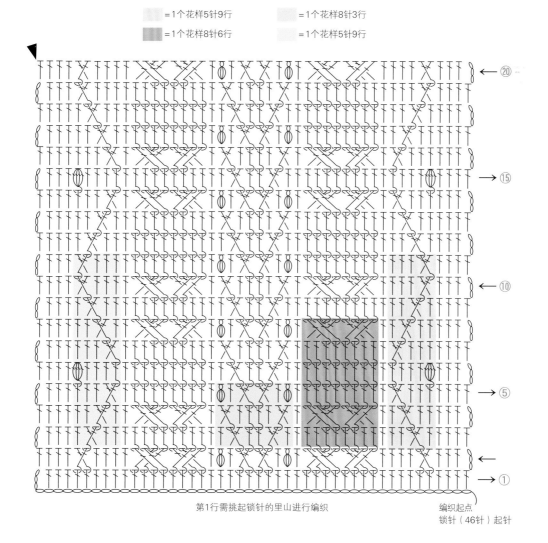

=1个花样5针9行　　=1个花样8针3行

=1个花样8针6行　　=1个花样5针9行

→⑳

→⑮

→⑩

→⑤

→①

第1行需挑起锁针的里山进行编织

编织起点
锁针（46针）起针

靠垫

这款靠垫由钩针编织而成，钻石花样和泡泡针立体感十足。
横向条纹和纵向条纹的组合让整体更紧凑。
靠垫的前片和后片连续编织，对折后缝合在一起。

使用的图案… p.75

技法…钩针编织

设计、制作…芹泽圭子
制作方法…p.96

围巾

在两侧用棒针编织麻花花样，中间为XO花样，
就编织出了这款围巾。
横向条纹花样和中间的XO花样相辅相成。

使用的图案…p.66

技法…棒针编织 Ⓧ

设计…河合真弓
制作…石川君枝
制作方法…p.98

毯子

这款毯子由12片棒针织片连接而成。

每片约20cm×15cm，12片相连，组成了约60cm×60cm的正方形毯子。

用自己喜欢的花样和颜色做做看吧。

使用的图案…p.18、22、26、28、30、32、44、50、52、54、60、78

技法…棒针编织 Ⓧ 钩针编织 ⟋

制作方法…p.99

手拎包

在p.33的图案两端加上交叉花样，就做成了这款包包。
中间的生命之树花样是亮点。
采用侧边略有宽度的包型，很适合日常使用。

使用的图案…p.33
技法…钩针编织 ╱

设计、制作…长者加寿子
制作方法…p.100

棒针编织常用针法

  下针的扭针

1 按照箭头方向入针。

2 挂线后拉出。

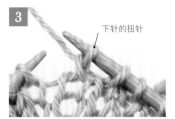

3 下针的扭针完成。

 上针的扭针

1 按照箭头方向,从针目的外侧入针。

2 挂线后拉出。

3 上针的扭针完成。

  滑针 ※ 如果是上针的滑针 (看着织片的反面编织时),操作方法相同

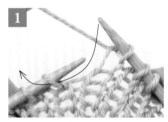

1 按照箭头方向入针,不编织,将针目移至右棒针上。

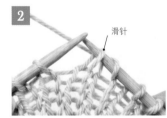

2 编织好滑针的样子。

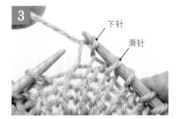

3 再编织好下针的样子。在滑针的后侧渡线。

  的编织方法

1 按照箭头方向入针,编织上针,不要从左棒针上取下针目。

2 按照与步骤 **1** 相同的方法编织下针。

3 再在同一针目上编织上针。

4 在同一个针目中编织好上针、下针、上针的样子。

右上扭针1针交叉（下侧上针）

用U形麻花针挂住针目1，从左棒针上取下，放在织片的内侧休针备用。

针目2编织上针。右图为编织好的样子。

将U形麻花针上的针目1编织下针的扭针。

右上扭针1针交叉（下侧上针）完成。

 左上扭针1针交叉（下侧上针）

用U形麻花针挂住针目1，从棒针上取下，放在织片的外侧休针备用。

针目2编织下针的扭针。右图为编织好的样子。

将U形麻花针上的针目1编织上针。

左上扭针1针交叉（下侧上针）完成。

  右上3针并1针

  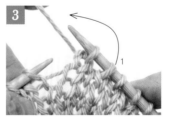 

按照箭头方向，在针目1中入针，不编织移至右棒针上。

按照箭头方向入针，将针目2、针目3一起编织下针（左上2针并1针）。

按照箭头方向，在移至右棒针上的针目1中入针，盖住刚编织好的针目。

右上3针并1针完成。

  左上3针并1针

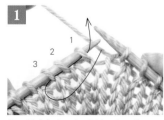  

按照箭头方向，在3个针目中入针。

挂线后拉出。

左上3针并1针完成。

泡泡针的编织方法（1针中编织3行）

⌐○|○|○⌐ 的编织

1 按照箭头方向入针，编织下针，不要从左棒针上取下针目。

2 下针

编织好的样子。

3 挂针

编织挂针。

4 在同一针目中，重复编织"下针、挂针、下针、挂针、下针"，共编织5针。

|||||| 的编织

5 反面

翻至反面，编织5针上针。

6 反面

编织好的样子。

⌐↗↖⌐ 的编织

7 翻至正面，按照箭头方向，在3个针目中入针，将其移至右棒针上。

8 入针的样子。

9 按照箭头方向，在2个针目中入针，一起编织下针（左上2针并1针）。

10 在移至右棒针上的3个针目中入针，盖住刚编织的2针并1针。

11 泡泡针完成。呈现出1个针目中编织了3行的状态。

泡泡针的编织方法（往返编织至一端）

虽然与"泡泡针的编织方法（1针中编织3行）"的针法符号相同，但此针法每一行都需要编织到一端。此针法可控制泡泡针的膨胀度。

 ## 的编织方法（中心1针上针）

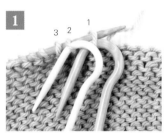

分别在针目1和针目2中穿入U形麻花针。

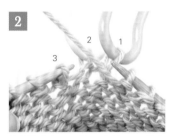

从左棒针上取下针目1和针目2，放在织片的外侧休针备用。针目3编织下针的扭针。

编织好的样子。让针目1位于上方，两个U形麻花针交换位置。

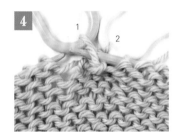

交换好的样子。

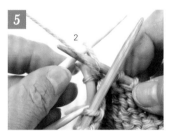

针目2编织上针。

编织好的样子。

针目1编织下针的扭针。

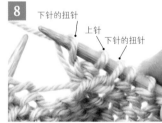

完成。

⟩⟩⟩ **右上2针交叉的减针** ※如果是右上3针交叉的减针，就在U形麻花针上穿入3针，然后按照相同方法编织

用U形麻花针挂住针目1和针目2，从左棒针上取下。

将U形麻花针放在左棒针的内侧。

在针目1和针目3中入针，2个针目一起编织下针。

编织好的针目

编织好的样子。

在针目2和针目4中入针，2个针目一起编织下针。

右上2针交叉的减针

右上2针交叉的减针完成。呈现出比前一行减少2针的状态。

 ⟩⟩⟩ **左上2针交叉的减针** ※如果是左上3针交叉的减针，就在U形麻花针上穿入3针，然后按照相同方法编织

用U形麻花针挂住针目1和针目2，从左棒针上取下。

将U形麻花针放在左棒针的外侧。

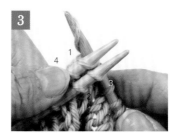

在针目1和针目3中入针，2个针目一起编织下针。

编织好的针目

编织好的样子。

在针目2和针目4中入针，2个针目一起编织下针。

左上2针交叉的减针

左上2针交叉的减针完成。呈现出比前一行减少2针的状态。

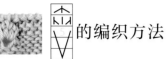

的编织方法

 的编织

1

在下一针的下方第2行的针目（·）中入针。

2

挂线后拉出，编织下针。这时，不要将其从左棒针上取下。

3 下针

不取下针目，编织好下针的样子。

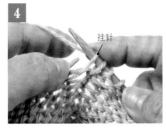

4 挂针

继续编织挂针。

5 取下的针目

在同一针目中，重复编织"下针、挂针、下针、挂针、下针"，共编织5针，然后从左棒针上取下针目。

6 取下的针目

取下针目后，解开下面2行的针目。

7

编织好的样子。

8 反面

的编织

翻至反面，依次编织上针的右上2针并1针、上针、上针的左上2针并1针。

9 反面

编织好的样子。

10

的编织

翻至正面，编织中上3针并1针。

11

完成。

钩针编织常用针法

 3针中长针的正拉针的枣形针

针尖挂线，按照箭头方向入针。

针尖挂线，按照箭头方向将线拉出（未完成的中长针）。

左图为线拉出后的样子。再重复2次步骤 1、2，按照右图所示，针尖挂线，一次性引拔出。

3针中长针的正拉针的枣形针完成。

 的编织方法

的编织

第3行

针尖挂线，找到下方第2行的针目的前一针，按照箭头方向在针目的根部入针。

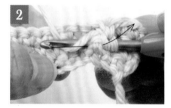

针尖挂线，按照箭头方向将线拉出（未完成的长针）。

找到刚刚编织的针目的旁边的第2针，按照箭头方向在针目的根部入针，编织未完成的长针。

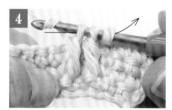

针尖挂线，一次性引拔出。

编织好的样子。

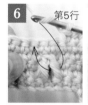 的编织

第5行

继续编织，直到第5行的 之前，针尖挂线，挑起下面第2行的长针的正拉针的根部，编织长针的正拉针。继续编织短针（右图）。

针尖挂线，按照箭头方向入针，编织长针的正拉针。

完成。

 在下方第2行的针目中钩入短针

按照箭头方向，在下方第2行的针目中入针。

针尖挂线后拉出。

再次挂线后，一次性引拔出。

在下方第2行的针目中编织好短针的样子。前一行的针目被包裹起来，短针的根部变长。

※※※ 的编织方法

第3行

针尖上挂2次线，找到3针后的下方第2行的短针，按照箭头方向在针目的根部入针，编织长长针的正拉针。

左图为入针后的样子。右图为编织好长长针的正拉针的样子。

※※※ 的编织方法

针尖上挂2次线，找到下方第2行的针目前面第2针的短针，按照箭头方向在针目的根部入针，编织长长针的正拉针。

左图为入针后的样子。右图为编织好长长针的正拉针的样子。

※※ 的编织方法

1

3 2 1

2

3

4

在针目2、针目3中编织长针的正拉针。

编织好的样子。针尖挂线，从步骤 1 中编织的针目的后侧，在针目1中入针。

入针后挂线编织长针。

完成。

※※ 的编织方法

1

3 2 1

2

3

4

在针目3中编织长针。

继续，从步骤 1 中编织的针目的内侧，分别在针目1、针目2中编织长针的正拉针。

左图为入针后的样子。右图为编织好1针长针的正拉针的样子。

完成。

织片的连接方法

卷针缝(针目与针目) 织片的技法…棒针编织 ⊗

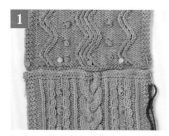   

1 将织片的起针侧与编织终点侧对齐摆放。织片不同,针数也可能不同,所以需要均匀地用珠针固定,令缝合效果更平整。

2 将手缝针穿入侧边的针目中,在同一针目中再次穿针。

3 一个针目一个针目地穿过,缝合起来。如果一侧的织片上针目较多,可以一边均匀地分散跳针,一边缝合,保持织片的平整。

4 请注意拉线的松紧度,不要让织片隆起。在缝合起点和缝合终点的针目中穿过2次,缝合固定。

卷针缝(行与行) 织片的技法…棒针编织 ⊗

1 将织片的行与行对齐摆放。织片不同,针数也可能不同,所以需要均匀地用珠针固定,令缝合效果更平整。

2 将手缝针穿入侧边的针目中,在同一针目中再次穿针。

3 按照每一行的针目密度穿过。如果一侧的织片上行数较多,可以一边均匀地分散跳行,一边缝合,保持织片的平整。

4 请注意拉线的松紧度,不要让织片隆起。在缝合起点和缝合终点的针目中穿过2次,缝合固定。

引拔接合 织片的技法…钩针编织 ⟋

1 将织片正面相对对齐,在侧边的针目中入针,针尖挂线后拉出。

2 拉出线后的样子。

3 在下一针中入针,挂线后一次性引拔出。

4 引拔接合好1针的样子。

5 重复一次步骤 **3** 的操作,做引拔接合。图中为接合好2针的样子。

6 织片的短针部分引拔1针,中长针部分各引拔两三针。这样,引拔针的针目就能保持均等。

※图片为实物粗细

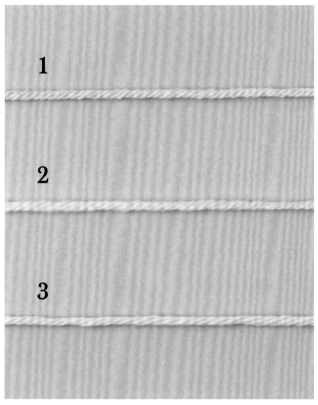

钻石线

1 Diaepoca

羊毛100%（美利奴羊毛），40g/团，约81m，40色，棒针7号、8号，钩针5/0号、6/0号

和麻纳卡

2 EXCEED WOOL L（中粗）

羊毛〈WO〉100%（使用超细美利奴羊毛），40g/团，约80m，29色，棒针6~8号，钩针5/0号

3 Amerry

羊毛〈WO〉70%（新西兰美利奴羊毛）、腈纶（PC）30%，40g/团，约110m，52色，棒针6号、7号，钩针5/0号、6/0号

*1~3中，从左至右依次为材质、规格、线长、色数、适合的棒针、适合的钩针。
*色数为2022年11月的数据。
*因为是印刷品，所以可能会存在色差。

◆ 线头的找法

从线团的中心找到线头，拉出来。找不到线头的时候，可以将线稍微理一理，就会更容易发现线头。有时线团的外侧也有线头，不过，如果使用线团外侧的线头，编织的时候线团会滚来滚去很麻烦，所以请使用内侧的线头开始编织。

◆ 整理方法

在方格纸上画出完成后的尺寸，铺上描图纸，然后一边调整形状一边用珠针将织片固定在上面。用蒸汽熨斗充分熨烫，待织片冷却后取下珠针。

〔标签要保留〕

标签上写着色号和生产批号、适合的针号等信息。想要追加购买线材的时候，或是确认适合的针号的时候，都需要对照标签。所以，标签不能扔掉，需要保留好。

作品的制作方法

靠 垫

图片… p.82

〔线〕钻石线
Diaepoca（340）…410g
〔其他〕靠垫芯…边长45cm
〔针〕钩针6/0号
〔编织密度（10cm×10cm面积内）〕
编织花样A=20针、21.5行
编织花样B=19针、13.5行
〔完成尺寸〕45cm×45cm

编织方法

1 做85针锁针起针，第1行编织长针，第2行编织短针。在第3
行加针，用编织花样A编织至第97行。继续做60行编织花样
B。完成主体。

2 将主体正面相对折叠，两侧做引拔接合。将其翻至正面，放入
靠垫芯，对齐编织起点和编织终点，做卷针缝缝合。

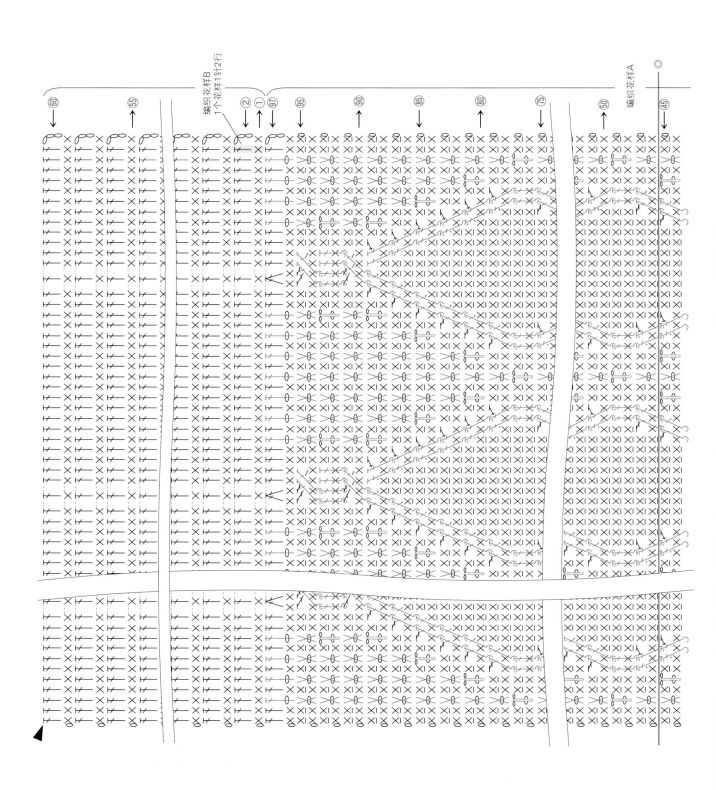

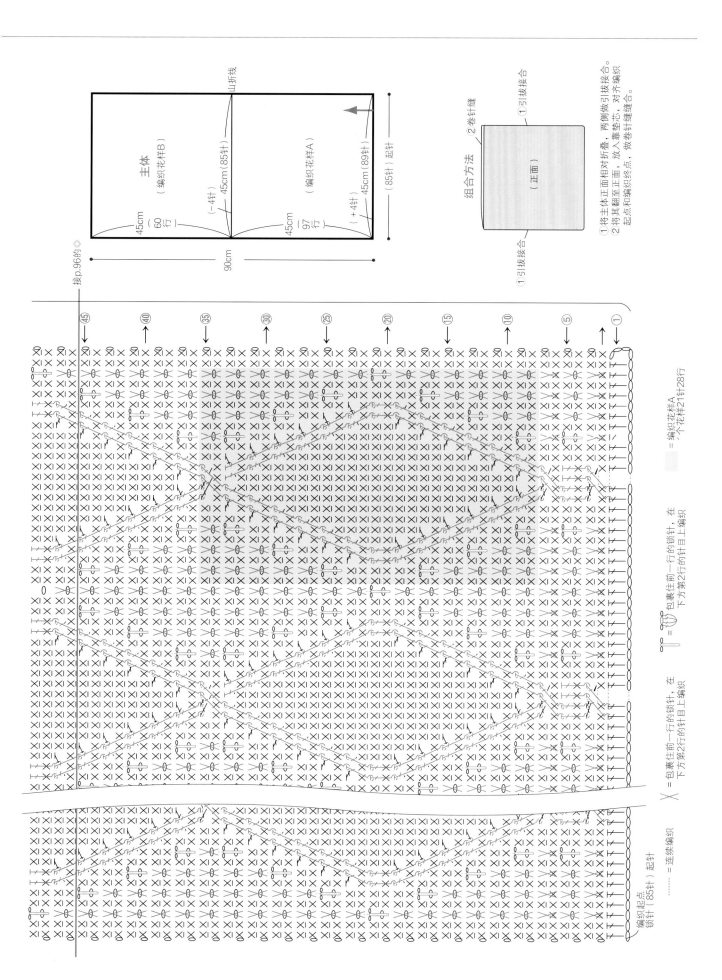

接p.96的◎

主体
（编织花样B）

山折线

45cm
（60行）

（-4针）

45cm（85针）

（85针）

主体
（编织花样A）

45cm
（97行）

（+4针）

45cm（89针）

（85针）起针

90cm

组合方法

②卷针缝

①引拔接合

（正面）

①引拔接合

①引拔接合

①将主体正面相对折叠，两侧做引拔接合。
②将其余翻至正面。放入毛毡芯，对齐编织
起点和编织终点，做卷针缝缝合。

⑳

㊺

㊵

㉟

㉚

㉕

⑳

⑮

⑩

⑤

①

编织起点
锁针（85针）起针

＝连续编织

Ｘ＝包裹住前一行的锁针，在
下方第2行的针目上编织

Ｉ＝包裹住前一行的锁针，在
下方第2行的针目上编织

＝编织花样A
1个花样21针28行

围巾

〔线〕钻石线
Diaepoca（382）…205g
〔针〕棒针7号、钩针（连接流苏用）
〔编织密度（10cm×10cm面积内）〕
编织花样=25针、30行
〔完成尺寸〕
宽20cm、长154cm（含流苏）

编织方法
1 手指挂线做44针起针，编织4行起伏针。
2 在编织花样的第1行加针至50针，做383行编织花样。
3 在起伏针的第1行减针至44针，编织3行起伏针，编织终点做下针的伏针收针。
4 将制作流苏用的线剪成28cm1条，共90条，在围巾编织起点和编织终点各15处，每处连上3条流苏用线。

流苏的连接方法

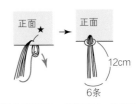

①将3条剪成28cm的线对折，在连接流苏处（★）插入钩针，挂上线圈后拉出。
②在拉出的线圈中，按照箭头方向穿入所有线头后拉紧。
③将线头均修剪至12cm。

= 1个花样6针6行

= 1个花样8针6行

= 1个花样4针4行

= 1个花样8针16行

□ = ︱ 下针

★ = 流苏连接位置（两端各15处）

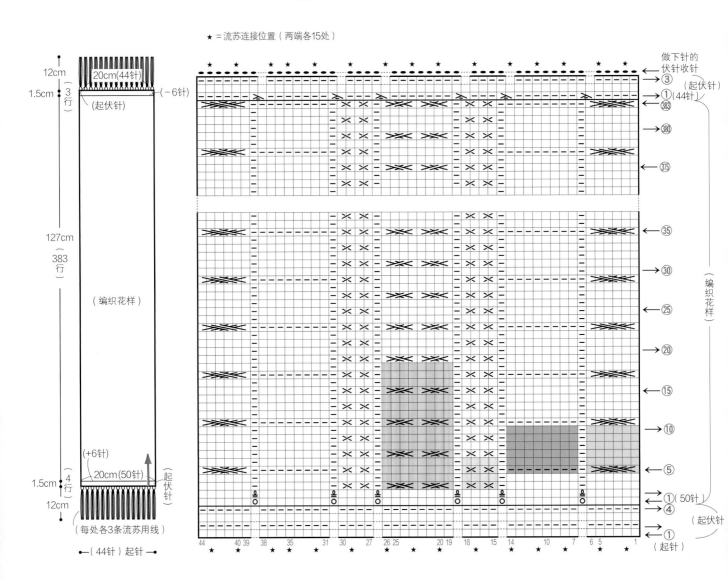

毯 子

图片 ··· p.84

〔线〕均为和麻纳卡
花片用线、色号、用量请参照下表
组合用线：Amerry（20）…5g
〔针〕棒针、钩针的号数请参照下表
〔完成尺寸〕约60cm×60cm

编织方法
1 参照花片配置图和花片表，编织12片指定的花片。
2 按顺序摆放花片，将相邻的花片对齐摆放，做卷针缝合。

主体
（花片配置图）

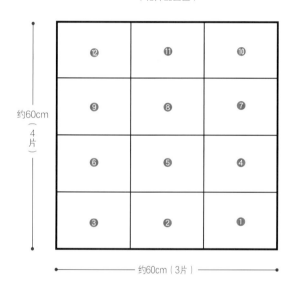

花片表

	❶	❷	❸	❹	❺	❻	❼	❽	❾	❿	⓫	⓬
所在页数	p.22	p.78	p.52	p.18	p.26	p.30	p.50	p.54	p.60	p.28	p.44	p.32
花片用线	EXCEED WOOL L（中粗）	Amerry	EXCEED WOOL L（中粗）	EXCEED WOOL L（中粗）	Amerry	Amerry	EXCEED WOOL L（中粗）	EXCEED WOOL L（中粗）	EXCEED WOOL L（中粗）	Amerry	Amerry	Amerry
色号	802	20	802	801	21	20	827	801	855	20	10	20
用量	30g	19g	25g	28g	20g	20g	27g	28g	27g	18g	17g	19g
棒针	7号	6号	5号、8号	7号	5号、6号	6号	5号、8号	5号、6号	7号	6号	7号	6号
钩针		5/0号				5/0号						

组合方法

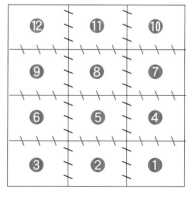

※将相邻的花片对齐摆放，做卷针缝合

手拎包

〔线〕和麻纳卡 Amerry（1）···165g

〔针〕钩针5/0号

〔编织密度（10cm×10cm面积内）〕

编织花样 = 21.5针、24.5行

〔完成尺寸〕宽31cm，深24cm

编织方法

1 编织底部

做50针锁针起针，第1行需编织108针短针。第2~5行需用短针一边加针一边以一个方向环形编织。

2 编织主体

往返编织编织花样。第1~34行无加减针编织，在第35~51行的指定行中，一边跳过针目做减针一边编织。

3 制作2根提手

做60针锁针起针，编织7行短针。对齐起针和编织终点的针目，依次引拔接合，连接成筒状。

4 组合

在主体内侧的指定位置缝合提手。

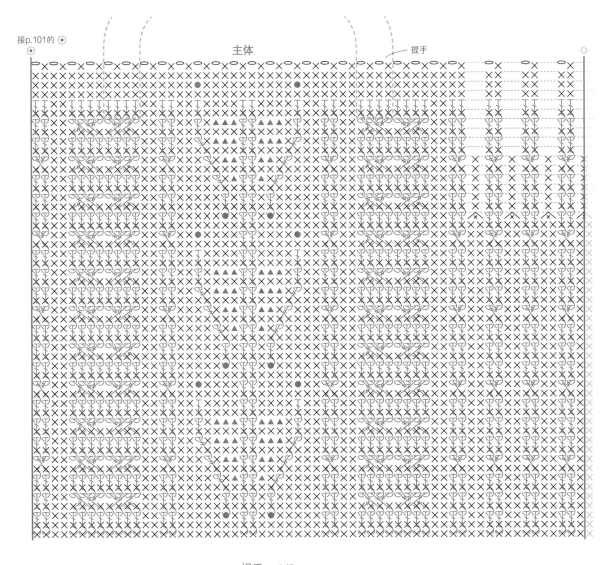

接p.101的 ⊙   主体   提手

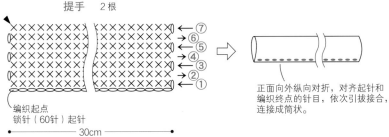

提手　2根

⑦
⑥
⑤
④
③
②
①

编织起点
锁针（60针）起针

← 30cm →

正面向外纵向对折，对齐起针和编织终点的针目，依次引拔接合，连接成筒状。

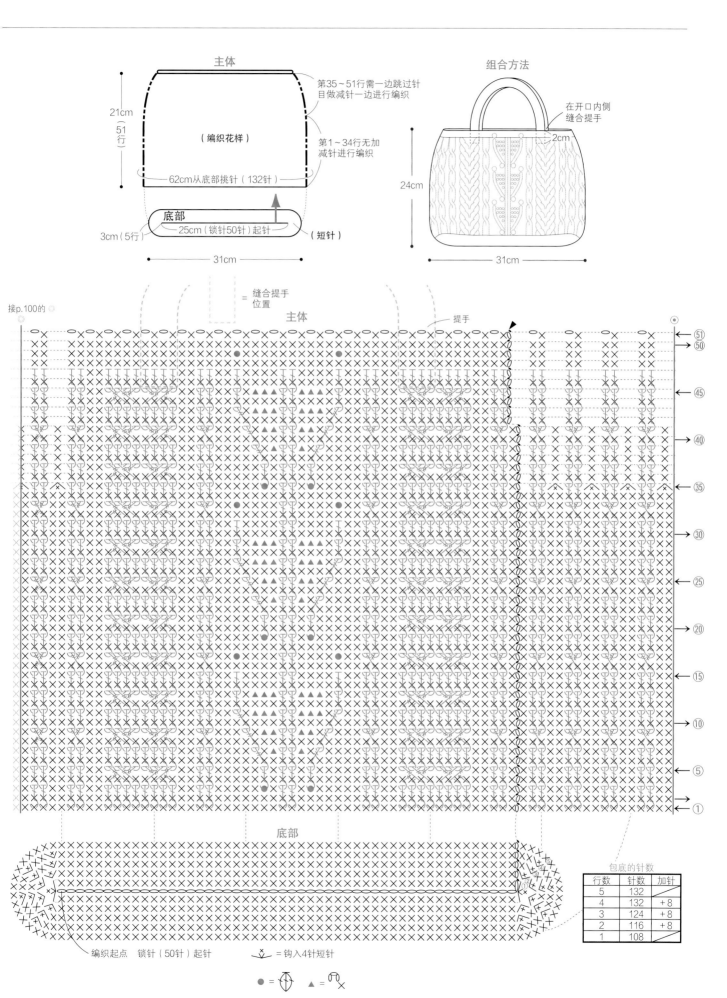

主体

21cm（51行）

（编织花样）

62cm从底部挑针（132针）

第35～51行需一边跳过针
目做减针一边进行编织

第1～34行无加减针进行编织

底部

3cm（5行）　25cm（锁针50针）起针　（短针）

31cm

组合方法

24cm

在开口内侧缝合提手

2cm

31cm

接p.100的

縫合提手位置

主体

提手

① ⑤ ⑩ ⑮ ⑳ ㉕ ㉚ ㉟ ㊵ ㊺ 50 51

底部

编织起点　锁针（50针）起针　　＝钩入4针短针

●＝　　　▲＝

包底的针数

行数	针数	加针
5	132	
4	132	+8
3	124	+8
2	116	+8
1	108	

╳ 棒针编织基础

编织图的看法

编织图均由从正面看到的状态描绘而成。在棒针的平针编织中，箭头为←的一行看着正面编织，从右向左看编织图，按照符号编织。箭头为→的一行需看着反面编织，从左向右看编织图编织，但需要操作与符号相反的编织方法（例如，在图中，下针符号处编织上针，上针符号处需编织下针，右上2针并1针符号处需编织上针的右上2针并1针）。在本书中，起针行为第1行。

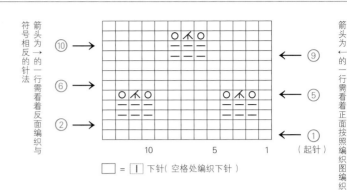

□ = Ⅰ 下针(空格处编织下针)

〔 本 书 中 使 用 的 起 针 方 法 〕

最初的针目的制作方法

1 在距离线头约3倍成品宽度的位置，用线做出圆环。

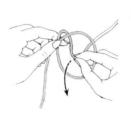

2 将右手的拇指和食指伸入圆环中，将线拉出，做出线圈。

3 在做出的线圈中穿入2根棒针，拉动线头侧，拉紧。这就是最初的1针。

起针（第1行）

挂在食指上 →
← 挂在拇指上

1 最初的1针做好后，将线团侧挂在左手食指上，将线头侧挂在左手拇指上。

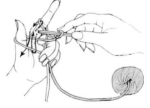

2 将棒针按照箭头方向移动，将线挂在针尖上。

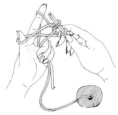

3 小心取下挂在左手拇指上的线。

4 按照箭头方向伸入左手拇指并挂线，向外侧拉紧。

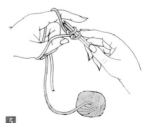

5 第2针完成。从第3针开始，按照步骤 **2**~**4** 的要领继续编织。

6 编织完起针行（第1行）的样子。抽出1根棒针，然后用这根棒针继续编织。

下针

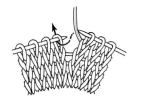

1
将线放在外侧，将右棒针从内侧插入。

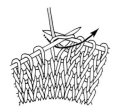

2
挂线，按照箭头方向向内侧拉出。

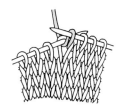

3
将线拉出后，抽出左棒针。

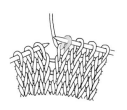

4
下针完成。

上针

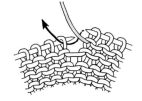

1
将线放在内侧，将右棒针从外侧插入。

2
如图所示挂线，按照箭头方向将线向外侧拉出。

3
将线拉出后，抽出左棒针。

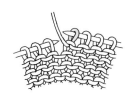

4
上针完成。

挂针

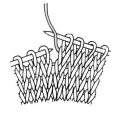

1
将线放在右棒针的内侧。

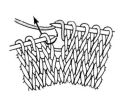

2
将线从前向后挂在右棒针上，再按照箭头方向将右棒针插入下一个针目中编织下针。

3
编织好1针挂针、1针下针的样子。

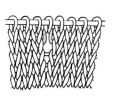

4
编织好下一行的样子。编织挂针的地方出现1个洞，形成了1针加针。

下针的扭加针

1
按照箭头方向，用右棒针将与下个针目之间的渡线挑起。

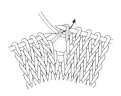

2
如图所示，将左棒针插入拉起来的线圈中。

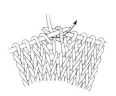

3
在右棒针上挂线，按照箭头方向拉出，编织下针。

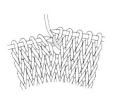

4
下针的扭加针完成。拉起来的针目被扭转，变成增加1针的状态。

上针的扭加针

1
按照箭头方向，用右棒针将与下个针目之间的渡线挑起。

2
如图所示将左棒针插入拉起来的线圈中。

3
在右棒针上挂线，按照箭头方向拉出，编织上针。

4
上针的扭加针完成。拉起来的针目被扭转，变成增加1针的状态。

右上2针并1针

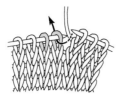
1 按照箭头方向，将右棒针从针目内侧入针，不编织，移至右棒针上，改变针目的方向。

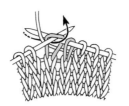
2 右棒针在左棒针的下一针目中入针，挂线后编织下针。

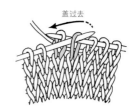
盖过去
3 将左棒针插入在步骤 **1** 中移至右棒针的针目中，按照箭头方向，将其盖在左侧的1个针目上。

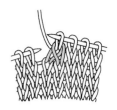
4 右上2针并1针完成。

左上2针并1针

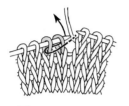
1 按照箭头方向，将右棒针从左棒针2个针目的左侧入针。

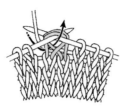
2 按照箭头方向挂线拉出，将2个针目一起编织下针。

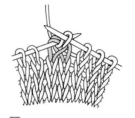
3 编织好下针的样子，抽出左棒针。

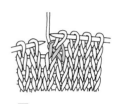
4 左上2针并1针完成。

上针的右上2针并1针

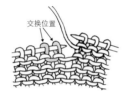
交换位置
1 将左棒针靠近针头的2个针目交换位置。

2 按照箭头方向入针，将2个针目一起编织上针。

3 上针的右上2针并1针完成。

4 也可以将右棒针按照箭头方向在左棒针的2个针目中入针，编织上针。

上针的左上2针并1针

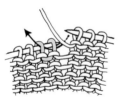
1 按照箭头方向，将右棒针一次性插入左棒针的2个针目中。

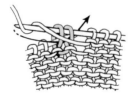
2 挂线，将2个针目一起编织上针。

3 抽出左棒针。

4 上针的左上2针并1针完成。

中上3针并1针

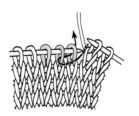
1 按照箭头方向，在左棒针的2个针目中入针，不编织，移至右棒针上。

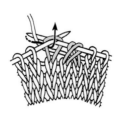
2 在左棒针上的第3个针目中入针后挂线，编织下针。

3 将左棒针插入步骤 **1** 中移至右棒针的2个针目中，按照箭头方向，将其盖在左侧的1个针目上。

4 中上3针并1针完成。

左上 1 针交叉

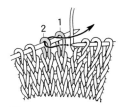

1 按照箭头方向，在针目 2 中入针。

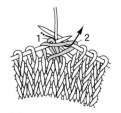

2 将针目 2 拉至右侧，挂线后编织下针。

3 保持针目 2 在左棒针上，针目 1 编织下针。

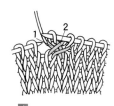

4 取下左棒针的针目 2，左上 1 针交叉完成。

右上 1 针交叉

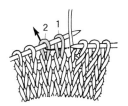

1 穿过针目 1 的外侧，在针目 2 中入针。

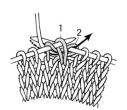

2 挂线后按照箭头方向拉出，编织下针。

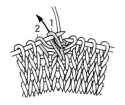

3 保持针目 2 在左棒针上，按照箭头方向在针目 1 中入针，编织下针。

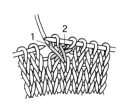

4 取下左棒针的针目 2，右上 1 针交叉完成。

左上 1 针交叉
（下侧上针）

1 将线放在外侧，在针目 2 中入针。

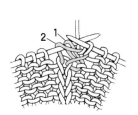

2 将针目 2 拉至右侧，挂线后编织上针。

3 保持针目 2 挂在左棒针上，在针目 1 中入针，编织上针。

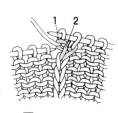

4 取下左棒针的针目 2，左上 1 针交叉（下侧上针）完成。

右上 1 针交叉
（下侧上针）

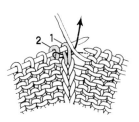

1 穿过针目 1 的外侧，在针目 2 中入针。

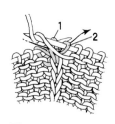

2 将针目 2 拉至右侧，编织上针。

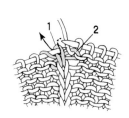

3 挂在左棒针上的针目 2 保持不动，针目 1 编织下针。

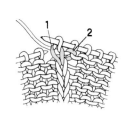

4 取下左棒针的针目 2，右上 1 针交叉（下侧上针）完成。

左上 3 针交叉

※ 即使针数不同，交叉方法
也是一样的

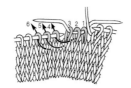

1 将左棒针的针目1、2、3移
至麻花针上，暂时休针放在外
侧。针目4、5、6编织下针。

2 移至麻花针上的针目1编
织下针。

3 针目2、3分别编织下
针。

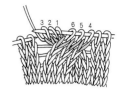

4 左上 3 针交叉完成。

右上 3 针交叉

※ 即使针数不同，交叉方法
也是一样的

1 将左棒针的针目1、2、3移
至麻花针上，暂时休针放在内
侧。针目4编织下针。

2 针目5、6也按照相同方
法编织下针。

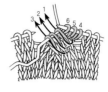

3 移至麻花针上休针的针
目1、2、3分别编织下
针。

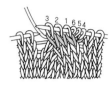

4 右上 3 针交叉完成。

3 针中长针的枣形针

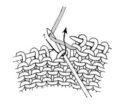

1 取钩针从前侧入针，挂线
后拉出。

2 挂线，编织 2 针锁针。

3 编织好 2 针立起的锁针后，
再次挂线，按照箭头方向
入针。

4 挂线后拉出，编织好未完
成的中长针。

5 按照与步骤3、4相同的
方法，共重复3次"挂线后
拉出"。

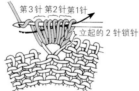

6 挂线，将全部针目一次性
引拔出。

7 再次挂线，引拔后拉紧。

8 将针目从钩针上移至右棒针
上，3 针中长针的枣形针完
成。

2 针长针的枣形针

1 取钩针编织 3 针锁针，按
照箭头方向入针，针尖挂线
后拉出。

2 再次挂线，按照箭头方向
一次性从 2 个线圈中引
拔出，编织好 1 针未完
成的长针。

3 再重复 1 次，共编织好 2
针未完成的长针。针尖
挂线，将全部针目一次性
引拔出。

4 将针目从钩针上移至右棒
针上，2 针长针的枣形针完
成。

伏针收针

※ 做上针的伏针收针时，
将下针改为上针

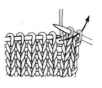

1 侧边的 2 针编织下针。按
照箭头方向，将右棒针插
入右棒针上右侧的针目中

2 如图所示，将右棒针上
右侧的针目盖在左侧的
针目上。

3 重复"将左棒针上的1针编织下
针，然后将右棒针上的1针盖
过去"的操作。

4 编织终点的针目，需如
图所示将线头穿过针
目后拉紧。

钩针编织基础

编织图的看法

编织图均为从正面看到的样子。
钩针编织没有棒针编织中上针和下针的区别（拉针除外）。在交替看着正面和反面编织平针的情况下，符号是相同的。

从中心开始环形编织时

在中心制作圆环（或锁针），像画圆一样一行一行编织。在各行的起点编织起立针，然后继续编织。基本方法是看着织片的正面，从右向左按照编织图进行编织。

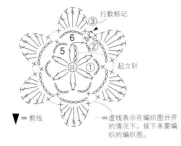

行数标记
③
6
5
2环
① 起立针
▼=剪线
……=虚线表示在编织图分开的情况下，接下来要编织的编织图。

平针编织时

特点是左、右两端都出现起立针。基本方法是右侧有起立针时，看着织片的正面，从右向左按照编织图进行编织；左侧有起立针时，看着织片的反面，从左向右按照编织图进行编织。右图为在第3行更换了配色线的编织图。

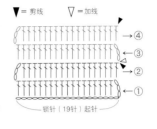

▼=剪线　▽=加线
→④
←③
→②
←①
锁针（19针）起针

锁针针目的看法

锁针的针目有正反面之分，出现在反面中央的1条线，称为锁针的"里山"。

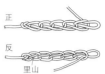

正
反
里山

线和针的拿法

1 如图所示，将线从左手的小指和无名指之间穿出至手掌侧，再挂在食指上，将线头拿至手掌侧。

2 用左手的拇指和中指捏住线头，食指伸直，将线拉紧。

3 用右手的拇指和食指握住钩针，中指轻轻扶住针尖。

最初的针目的制作方法

1 将钩针从线的外侧，按照箭头方向转动针尖。

2 挂线。

3 从圆环中将线按照箭头方向拉出。

4 拉动线头，拉紧针目，最初的针目完成（这一针不计作第1针）。

起针

1针立起的锁针

平针编织时

1 编织所需数量的锁针和起立针，从一端的第2针锁针中入针，挂线后拉出。

2 挂线，按照箭头方向将线引拔出。

3 第1行编织好了的样子（立起的1针锁针不计作1针）。

×环×

从中心开始呈环形编织时
（用线头制作圆环）

1 在左手食指上绕2次线，制作圆环。

2 将圆环从手指上取下后拿在手中，在圆环中入针，按照箭头方向挂线后拉出。

拉出的针目

3 再次挂线，将线拉出，编织1针立起的锁针。

4 第1行需要在圆环中入针，编织所需数量的短针。

5 暂时抽出钩针，拉动最初的圆环的线（线1）和线头（线2），拉紧圆环。

6 第1行的终点，需要在最初的短针的顶部入针后引拔出。

在前一行的针目中挑针的方法

即使是相同的枣形针，编织图不同，挑针的方法也不同。
编织图的下方闭合时，需要在前一行的1个针目中入针编织；编织图下方打开时，需要整束挑起前一行的锁针编织。

在1个针目中入针

1　**2**

整束挑针

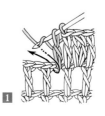

1

2

锁针

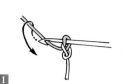

1 制作最初的针目，然后挂线。

2 将线拉出，锁针完成。

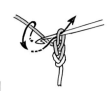

3 按照相同的方法，重复步骤**1**、**2**，继续编织。

4 完成5针锁针。

引拔针

1 在前一行的针目中入针。

2 挂线。

3 按照箭头方向引拔出。

4 完成1针引拔针。

短针

1 在前一行的针目中入针。

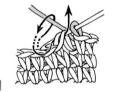

2 挂线后按照箭头方向拉出（拉出后的状态称为未完成的短针）。

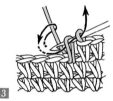

3 再次挂线，一次性从2个线圈中引拔出。

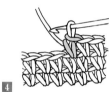

4 完成1针短针。

中长针

1 挂线，在前一行的针目中入针。

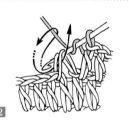

2 再次挂线后按照箭头方向拉出（拉出后的状态称为未完成的中长针）。

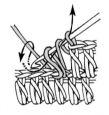

3 挂线，一次性从3个线圈中引拔出。

4 完成1针中长针。

长针

1 挂线，在前一行的针目中入针，再次挂线后向内侧拉出。

2 按照箭头方向挂线后，再一次性从2个线圈中拉出（拉出后的状态称为未完成的长针）。

3 再次挂线，按照箭头方向，一次性从剩余的2个线圈中引拔出。

4 完成1针长针。

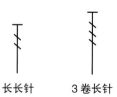

长长针　　**3卷长针**

* （　）内为3卷长针的情况

1 挂2次（3次）线后，在前一行的针目中入针，挂线后将线圈向内侧拉出。

2 按照箭头方向挂线后，一次性从2个线圈中拉出。

3 参照与步骤**2**相同的操作，再重复2次（3次）。

4 完成1针长长针（3卷长针）。

短针2针并1针

1 在前一行的针目中，按照箭头方向入针，挂线后拉出。

2 在下一个针目中入针，挂线后拉出。

3 再次挂线，一次性从3个线圈中引拔出。

4 完成短针2针并1针。呈现出比前一行减少了1针的状态。

短针1针放2针

短针1针放3针

1 在前一行的针目中编织1针短针。

2 在同一针目中入针，挂线后拉出，编织短针。

3 完成短针1针放2针。呈现出比前一行增加了1针的状态。

4 完成短针1针放3针。需要在同一针目中编织3针短针。

短针的菱形针

※如果是短针以外的针法，也按照相同的要领，挑起前一行顶部外侧的半针编织指定针法即可

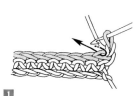

1 在前一行针目的外侧半针中，按照箭头方向入针。

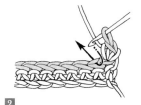

2 编织短针，下一针也用相同的方法在外侧半针中入针。

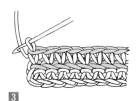

3 编织到边缘后，翻转织片。

4 按照与步骤**1**、**2**相同的方法，在外侧半针中入针，编织短针。

长针2针并1针

1 在前一行的针目中，编织1针未完成的长针（参照p.108）。挂线，在下一个针目中按照箭头方向入针，挂线后将线拉出。

2 挂线，一次性从2个线圈中拉出，编织第2针未完成的长针。

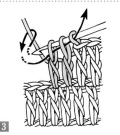

3 再次挂线，按照箭头方向，一次性从3个线圈中引拔出。

4 长针2针并1针完成。呈现出比前一行减少了1针的状态。

长针1针放2针

※如果是长针以外的针法，也按照相同的要领，在前一行的1个针目中钩出指定的针法即可

1 编织1针长针，挂线，在同一针目中按照箭头方向入针，挂线后将线拉出。

2 挂线，一次性从2个线圈中拉出。

3 再次挂线，一次性从剩余的2个线圈中引拔出。

4 长针1针放2针完成。呈现出比前一行增加了1针的状态。

变化的3针中长针的枣形针

1 在前一行的1个针目中入针，编织3针未完成的中长针（参照p.108）。

2 挂线，先按照箭头方向一次性从6个线圈中拉出。

3 再次挂线，一次性从剩余的2个线圈中引拔出。

4 变化的3针中长针的枣形针完成。

变化的长针右上1针交叉

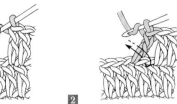 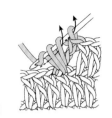 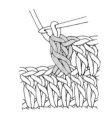

1 挂线，跳过1针，在下一针目中入针，编织长针。

2 挂线，在跳过的针目中，按照箭头方向入针后挂线拉出。

3 挂线，依次从2个线圈中拉出，编织长针（不包裹着交叉的针目编织）。

4 变化的长针右上1针交叉完成。

 变化的长针左上1针交叉

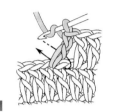  

1 挂线，跳过1针，在下一针目中入针，编织长针。

2 挂线，从刚刚编织的长针的后侧，在跳过的针目中入针后挂线拉出。

3 挂线，依次从2个线圈中拉出，编织长针。

4 变化的长针左上1针交叉完成。

 变化的长针右上交叉（中心1针锁针）

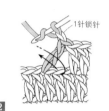  

1 跳过2针，在下一针目中入针，编织长针，再编织1针锁针。

2 挂线，在跳过的第1针中，按照箭头方向入针后挂线拉出。

3 再次挂线，依次从2个线圈中拉出，编织长针。

4 变化的长针右上交叉（中心1针锁针）完成。

 变化的长针左上交叉（中心1针锁针）

1 跳过2针，在下一针目中入针，编织长针，再编织1针锁针。

2 挂线，从刚刚编织的长针的后侧，在跳过的第1针中入针后挂线拉出。

3 挂线，依次从2个线圈中拉出，编织长针。

4 变化的长针左上交叉（中心1针锁针）完成。

 变化的长针1针与2针的右上交叉

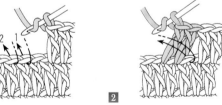 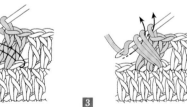 

1 挂线，跳过1针，在下一针目中按照箭头方向入针，编织2针长针。

2 挂线，在跳过的针目中，按照箭头方向入针后挂线拉出。

3 挂线，依次从2个线圈中拉出，编织长针。

4 变化的长针1针与2针的右上交叉完成。

 变化的长针1针与2针的左上交叉

1 挂线，跳过2针，在下一针目中按照箭头方向入针，编织长针。

2 挂线，从刚刚编织的长针的后侧，按照箭头的顺序入针，编织2针长针。

3 挂线，依次从2个线圈中拉出，编织好第1针长针。

4 变化的长针1针与2针的左上交叉完成。

短针的正拉针

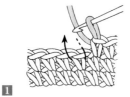

1 在前一行短针的顶部，按照箭头方向从内侧入针。

2 挂线，拉出比短针略长的线。

3 再次挂线，一次性从2个线圈中引拔出。

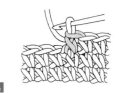

4 1针短针的正拉针完成。

短针的反拉针

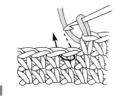

1 在前一行短针的顶部，按照箭头方向从外侧入针。

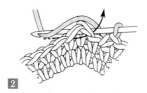

2 挂线，拉出比短针略长的线。

3 再次挂线，一次性从2个线圈中引拔出。

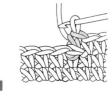

4 1针短针的反拉针完成。

长针的正拉针

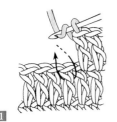

1 挂线，在前一行长针的顶部，按照箭头方向从内侧入针。

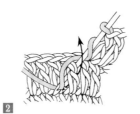

2 挂线，拉出比长针略长的线。

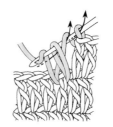

3 再次挂线，一次性从2个线圈中拉出。再重复1次相同的操作。

4 1针长针的正拉针完成。

长针的反拉针

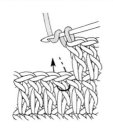

1 挂线，在前一行长针的顶部，按照箭头方向从外侧入针。

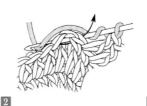

2 挂线，拉出比长针略长的线。

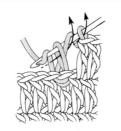

3 再次挂线，一次性从2个线圈中拉出。再重复1次相同的操作。

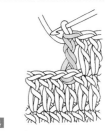

4 1针长针的反拉针完成。

3针长针的枣形针

※即使针数不同，也可以按照相同的要领编织

1 在前一行的针目中，编织1针未完成的长针。

2 在同一针目中入针，连续编织2针未完成的长针。

3 挂线，一次性从挂在针上的4个线圈中引拔出。

4 3针长针的枣形针完成。

5针长针的爆米花针

※即使针数不同，也可以按照相同的要领编织

1 在前一行的同一针目中钩入5针长针，取下钩针后按照箭头方向重新入针。

2 直接将线圈向内侧引拔出。

3 再编织1针锁针，拉紧。

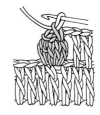

4 5针长针的爆米花针完成。

KAGIBARI TO BOUBARI DOCHIRADEMOAMERU ARANMOYOUNO
PATTERN BOOK

Copyright © apple mints 2022

All rights reserved.

First original Japanese edition published by E&G CREATES Co., Ltd.

Chinese（in simplified character only）translation rights arranged with E&G CREATES
Co., Ltd. through CREEK & RIVER Co., Ltd. and CREEK & RIVER SHANGHAI
Co., Ltd.

备案号：豫著许可备字-2023-A-0047

●工作人员

图书设计　mill inc.（原 照美、野吕 翠）

摄影　小塚恭子（作品）、本间伸彦（制作过程、线材）

作品设计　池上 舞、远藤裕美、冈 真理子、冈本启子
　　　　　镰田惠美子、河合真弓、芹泽圭子、武田敦
　　　　　子、长者加寿子 、沟畑博美

编织方法解说、绘图　加藤千绘、三岛惠子、村木美佐
　　　　　子、矢野康子

制作过程协助　河合真弓

编织方法校对　堤 俊子

企划、编辑　日本E&G创意（神谷真由佳）

●材料提供

钻石毛线株式会社、和麻纳卡株式会社

图书在版编目（CIP）数据

阿兰花样新编 / 日本E&G创意编著；刘晓冉译. —郑州：河南科学技术出版社，2023.11
ISBN 978-7-5725-1338-1

Ⅰ.①阿… Ⅱ.①日… ②刘… Ⅲ.①手工编织 Ⅳ.①TS935.5

中国国家版本馆CIP数据核字（2023）第205458号

出版发行：河南科学技术出版社
　　　　　地址：郑州市郑东新区祥盛街27号　　　邮编：450016
　　　　　电话：（0371）65737028　　　65788613
　　　　　网址：www.hnstp.cn
策划编辑：张　培
责任编辑：张　培
责任校对：王晓红
封面设计：张　伟
责任印制：张艳芳
印　　刷：河南新达彩印有限公司
经　　销：全国新华书店
开　　本：889 mm×1 194 mm　1/16　　印张：7　字数：200千字
版　　次：2023年11月第1版　　2023年11月第1次印刷
定　　价：59.00元

如发现印、装质量问题，影响阅读，请与出版社联系并调换。